鋼・コンクリート複合構造へのとびら

本書の内容に入る前に，従来から広く用いられている鋼構造や鉄筋コンクリート(RC)構造に比べて『複合構造』とは，それらをどのように組合せることにより，どんなメリット（利点・効用）をもたらすのかを，つぎのページからの複数の口絵『複合構造のメリット①～⑥』を用いて例示する．これにより，特に初めて『複合構造』に触れる読者の方々に，本書の内容への導入として，その魅力を感じてもらえればと思う．なお，口絵の書式は，可能な限り統一性をもって表記し，必要に応じて写真なども配置し，視覚効果を高めた．また各ページの末尾には『詳しく知るために』と見出しを付けて，本書の内容に対応する目次の名前と掲載ページを併記したので，それを読み，要点のみを示した各メリットに対する理解を深めてもらいたい．

また，口絵の終わりには，今後の課題である環境負荷低減を目指した『複合構造』の最近の例も示している．

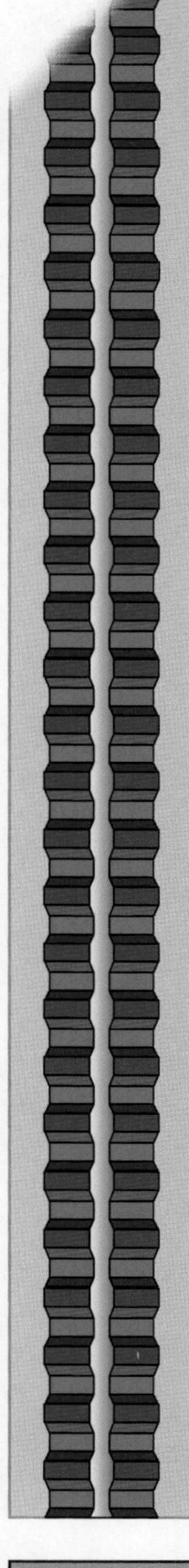

●右・下辺の意匠の素材は，フランスにて 1987 年に完工した，モープレ高架橋（波形鋼板ウエブ箱桁橋）である．この桁は，右下に示すように上辺をプレストレスト・コンクリート床版，二斜辺を波形鋼板，そして両斜辺の交点にコンクリート充填円形鋼管を配置した，逆三角形断面を有する．

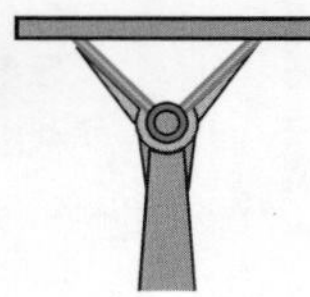

強度と変形性能の向上　　**複合構造のメリット①**

鉄骨鉄筋コンクリート，および，コンクリート充填鋼管

● 異種材料（鋼とコンクリート）で断面を構成すると…

▷ 大きな鋼断面の配置できるので，強度と剛性が向上する.

▷ コンクリートが内部の鉄骨や外部の鋼管に拘束 * されるので，変形性能が向上する.

▷ 鋼がコンクリートに拘束され，座屈強度が向上する.

▷ コンクリートが熱をよく吸収するので，耐火性が向上する.

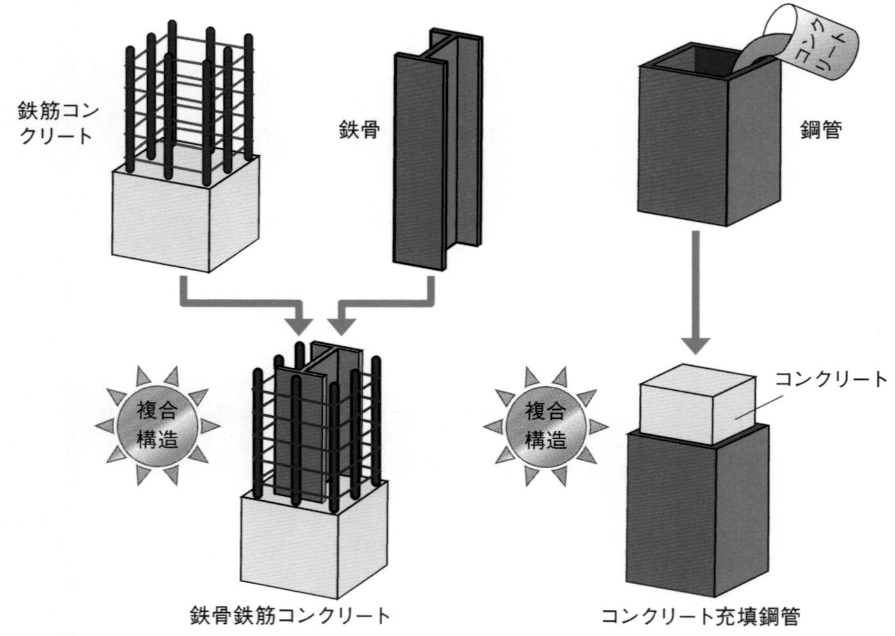

詳しく知るために

2.1.1 項　鉄骨鉄筋コンクリート部材 [p.9]

2.1.2 項　コンクリート充填鋼管部材 [p.10]

5.4.3 項　累加強度法 [p.104]

5.5.2 項　コンファインド効果の発生機構 *[p.118]

耐震性と維持管理性の向上

複合構造のメリット②

鋼桁と鉄筋コンクリート橋脚を剛結した，複合ラーメン橋

● 異種部料（たとえば鋼桁と鉄筋コンクリート橋脚）を連結すると…

▷ 剛結により，構造全体の不静定次数が高くなり，地震時の全体崩壊に対する安全性が向上する.

▷ ジョイントや支承が省略または削減でき，維持管理性が向上する.

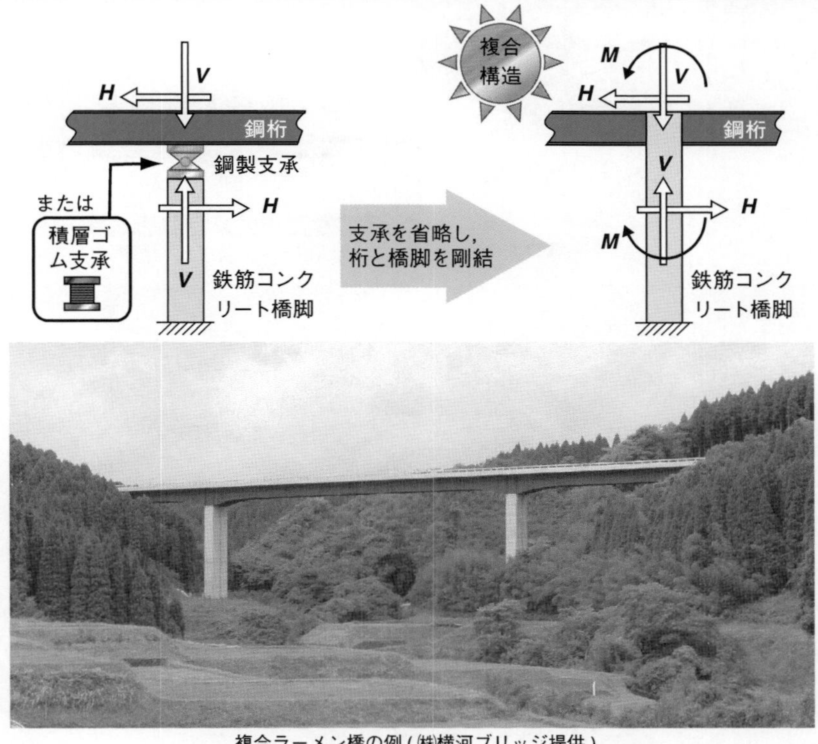

複合ラーメン橋の例 (㈱横河ブリッジ提供)

詳しく知るために

2.2.1 項　柱部材とはり部材 [p.17]

2.2.4 項　複合ラーメン [p.19]

3.2.4 項　複合ラーメン橋の接合部 [p.46]

施工性の向上

複合構造のメリット③

鋼板・コンクリートサンドイッチ合成沈埋函

●架設材（鋼製エレメント）を本体構造に利用すると…

▷ 架設工の低減や鉄筋工が省略でき，施工性および経済性が向上する.

▷ 鋼製エレメント内のコンクリートのコンファインド効果 * も期待できる.

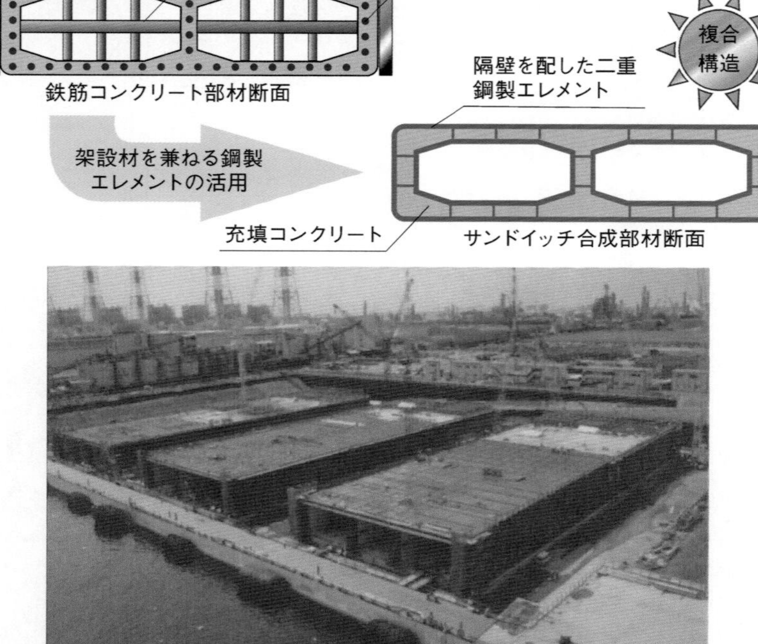

サンドイッチ合成沈埋函の例（製作工程での鋼製エレメント俯瞰図）

詳しく知るために

2.1.4 項　鋼板・コンクリート合成部材 [p.13]

5.5.2 項　コンファインド効果の発生機構 *[p.118]

5.7 節　合成シェル [p.126]

軽量化

複合構造のメリット④

鉄波形鋼板ウエブを用いたプレストレストコンクリート（PC）箱桁

● コンクリート箱桁のウエブを鋼板に置換すると…

▷ 桁部材の軽量化が図れる.

▷ 波状ウエブの形状特性から，プレストレス導入効率も向上する.

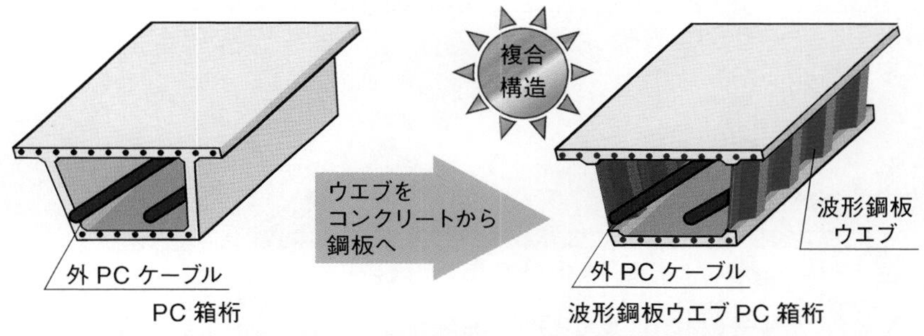

波形鋼板ウエブ箱桁を用いた複合斜張橋の例（オリエンタル白石㈱提供）

詳しく知るために

2.1.5 項　波形鋼板ウエブ PC 箱桁 [p.15]

2.1.6 項　複合トラス [p.16]

鋼箱桁と PC 桁を連結した混合桁を用いた複合斜張橋

● 軽量な鋼桁と重量な PC 桁の組合せで重量バランスをとる

▷ もし，全支間の鋼桁または PC 桁の単一材料を用いたときに主塔の設置位置により，中央径間長に比べて側径間長が短くなると，重量のバランスが保てず，桁端部に浮き上がりが生じ，負反力支承やそれを支える深い基礎工が必要となる．

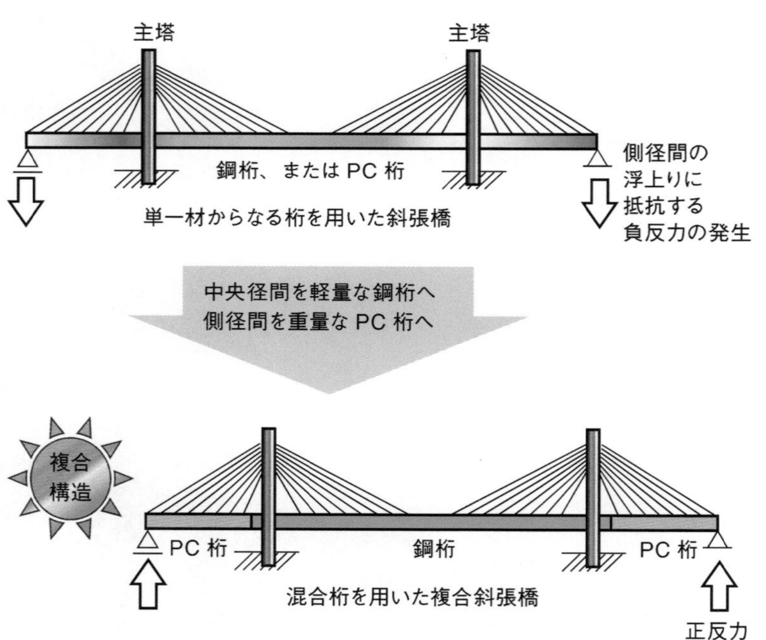

詳しく知るために

2.2.2 項　はり部材とはり部材 [p.18]
3.2.1 項　はり部材とはり部材 [p.32]

工期の短縮，施工の省力化

複合構造のメリット⑥

H 型鋼埋込み桁，および，プレキャスト床版を用いた合成桁

● 複合（SC）構造を採用すると…

▷労力を要する鉄筋工，型枠工や支保工などが省略できる.

▷工場製作を採用したプレキャスト化またはプレハブ化により工期が短縮でき，品質が向上する.

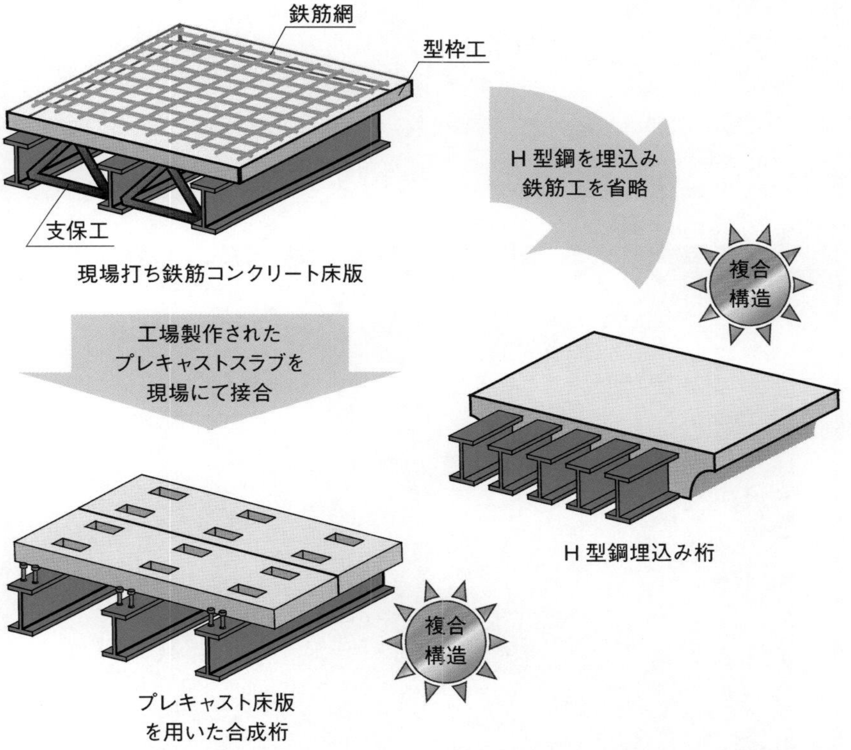

鉄筋網

型枠工

支保工

現場打ち鉄筋コンクリート床版

H 型鋼を埋込み
鉄筋工を省略

複合
構造

工場製作された
プレキャストスラブを
現場にて接合

H 型鋼埋込み桁

複合
構造

プレキャスト床版
を用いた合成桁

詳しく知るために

2.2.1 項　鉄骨鉄筋コンクリート部材 [p.9]

3.1.2 項　機械式ずれ止め，4) 具体的な適用例 [p.31]

今後の課題

環境負荷低減に向けて

複合構造物は RC 構造物と同様に，再利用・再使用に対して有利といえず，環境負荷低減が今後の課題である．下記の橋は，既設ダムの改良工事のための進入路として仮施設であり，工事完了後には撤去し，再利用されることを前提に設計されている．環境負荷の低減を指向した一例である．

解体を容易にする目地で繋がれたセグメント方式の PC 上床版①と PC 吊床版②，同様に簡易な格点をもつ鋼製ストラット③，そして自重を支え，両床版にプレストレスを導入する，着脱に有利な外ケーブル④からなる．解体時には外ケーブルの緊張を解くことにより，簡便な解体が実現できる．

架設工事中の対象橋梁（オリエンタル白石㈱提供）

詳しく知るために

1.3 節　発展の経緯 [p.8　下から 4 行目から]

鋼・コンクリート複合構造

鬼頭宏明　園田惠一郎　共著

森北出版株式会社

はしがき

本書は，高等専門学校，大学学部における建築および土木分野の構造系の学生のための教科書として，あるいはすでに卒業され社会でご活躍の若い構造技術者の参考書として企画したものである．構造力学，橋梁工学やコンクリート工学の教科書は大量に世に出ているが，複合構造については，土木学会や建築学会での関連委員会が企画・出版された設計基準案や設計ガイドラインならびにそれらの解説書を除けば，教科書として書かれたものは非常に少ないのが現状である．

高等専門学校や大学での“複合構造”の講義期間は，たかだか半年で，1 週 2 時間，計 30 時間程度であると思われるので，教科書もできるだけコンパクトにする必要がある．本書では，読者の基礎的素養を磨くために，基礎理論に力点を置き，設計法や応用例などは概要のみの記述に留めた．したがって，複合構造の設計・施工法や建設事例については，巻末に掲げた参考文献を調べていただきたい．

ところで，“複合構造”と類似した用語に“合成構造”がある．両者にはどのような違いがあるのだろうか．少なくとも以前は，“合成構造”という用語が一般的であったが，20 年ほど前から，“複合構造”あるいは“ハイブリッド構造”などの用語をよく目にするようになった．辞書を引くと“合成”とは“二つ以上のものを合して一つのものにする”とあり，“複合”とは“二種以上のものが合わさって一つとなること”とある．ほとんど同じような意味であるが，“合成”には異種のものが一体化するというニュアンスが，“複合”には異種のものが混じり合うというニュアンスが強く，“複合”の方が“合成”より広い意味をもつように思われる．したがって，最近の“合成構造”は多種多様に発展していることから，より広い意味をもたせるために“複合構造”という用語が好まれるようになったものと推察する．この趣旨を活かし本書のタイトルにも“複合構造”という用語を用いている．

一方，わが国では，土木業界と建築業界が分離し，独自の発展と歴史をもっているために，高等専門学校や大学でも構造系の学生は土木と建築に分かれたカリキュラムにしたがって教育を受けており，自ずと異なった教科書が使われるのが普通である．もちろん，複合構造の理論には土木と建築で違いがある訳ではないが，建築では建物を主たる対象とし，土木では，橋梁や地中構造を主たる対象として，それぞれの分野での複合構造の理論に力点をおいた教科書が用いられているのが現状であろう．

本書は，前述のように，複合構造の基礎理論に力点をおいたので，建築と土木の分野に関わりなく，広く使っていただくよう意図している．第1章の中の複合構造の発展については，若干土木分野に偏った記述になっているが，その他の章では，土木，建築のどちらの分野にも偏らず，できるだけ公平に記述したつもりである．

最近の建設業界を取り巻く厳しい環境を考えれば，これからは土木や建築といった従来の枠組みにとらわれずに，最小のコストで最大の性能を引き出せる構造形式としての複合構造の開発が不可欠であり，その一助になればと願って本書を企画したことに読者のご理解をいただければ幸いである．

最後に，有益な知見を引用させていただいた参考文献の著者の方々，草稿に対し建設的なご高見をお寄せ下さった方々，ならびに貴重な写真をご提供下さった各社の方々に，この場をお借りして深謝の意を表します．さらに，本書の出版に際して多大のご尽力とご支援をいただいた，森北出版㈱石田昇司部長に厚くお礼申し上げる次第である．

2008年3月

著　者

目　　次

第 1 章　複合構造とは　1

1.1　定義と分類　1
1.2　複合構造の特徴　3
1.3　発展の経緯　5

第 2 章　複合構造の形式　9

2.1　合 成 部 材　9
2.1.1　鉄骨鉄筋コンクリート部材　9
2.1.2　コンクリート充填鋼管部材　10
2.1.3　合成桁　11
2.1.4　鋼板・コンクリート合成部材　13
2.1.5　波形鋼板ウエブ PC 箱桁　15
2.1.6　複合トラス　16
2.2　混 合 構 造　17
2.2.1　柱部材とはり部材　17
2.2.2　はり部材とはり部材　18
2.2.3　柱部材と基礎躯体　18
2.2.4　複合ラーメン　19
2.2.5　複合アーチ　20

第 3 章　複合構造での接合方式と応力伝達機構　21

3.1　合成部材での異種材料の接合　21
3.1.1　接合方法の種別　21
3.1.2　機械式ずれ止め　22

3.2 混合構造での異種部材の接合 32
3.2.1 はり部材とはり部材 32
3.2.2 柱部材とはり部材 35
3.2.3 柱部材と基礎躯体 45
3.2.4 複合ラーメン橋の接合部 46
3.2.5 複合トラス橋の接合部 49

第4章 鋼とコンクリートの材料特性 51

4.1 鋼の材料特性 51
4.1.1 応力－ひずみ関係 51
4.1.2 多軸応力状態 52
4.2 コンクリートの材料特性 58
4.2.1 応力－ひずみ関係 58
4.2.2 多軸応力状態 59
4.2.3 クリープと乾燥収縮 61

第5章 複合構造の理論 63

5.1 合成と非合成 63
5.2 合成はりまたは合成桁の弾性理論 64
5.2.1 完全合成理論 64
5.2.2 不完全合成理論 70
5.2.3 温度変化や乾燥収縮によるずれ止めのせん断力 74
5.2.4 断続合成桁 76
5.2.5 有 効 幅 80
5.3 合成はりまたは合成桁の塑性理論 82
5.3.1 終局曲げ強度 82
5.3.2 簡易計算法 87
5.3.3 連続形式の合成桁の終局曲げ耐力 90
5.3.4 モーメント再分配法 94
5.4 合 成 柱 95
5.4.1 中心圧縮柱 95

5.4.2　軸力と曲げモーメントを受ける柱　96
5.4.3　単純累加強度法と一般化累加強度法　104
5.4.4　せん断強度　112
5.5　合成柱の耐震性能　116
5.5.1　じ　ん　性　116
5.5.2　コンファインド効果の発生機構　118
5.5.3　地震時の保有水平耐力　119
5.6　合成版または合成スラブ　120
5.7　合成シェル　126
参考文献　128
さくいん　132

主な記号の一覧

A: 面積
a: せん断スパン
B, b: 幅
C: 実験定数，圧縮力，または支圧力
c: コンクリートの粘着項
D: 鋼管径や孔あき鋼板ジベルの円径，または板剛度
d: 鉄筋コンクリート断面の有効高さ，またはスタッドの軸部の直径
E: ヤング係数 (弾性係数)
e: 載荷点と図心の距離，すなわち偏心距離
F: 力，または摩擦力
f: 強度
G: 断面 1 次モーメント
g: ひずみから応力を与える関数
H, h: 水平力，高さ，または鋼の硬化係数
I: 応力の不変量，または断面 2 次モーメント
J: 偏差応力の不変量
k: 降伏条件におけるせん断応力の限界値，ずれ剛性，または安全率
l: 部材の長さ，または主応力空間における静水圧軸長
M: 曲げモーメント
N: 軸力
n: ヤング係数比 (弾性係数比)，または主軸方向ベクトル
P: 荷重強度
p: 分布荷重強度，または支圧応力
Q: 接合面に作用するせん断力
r: 主応力空間における偏差長
S: せん断力
s: 長さ，間隔，または偏差応力
T: 引張力
t: 温度，または厚さ
u: 軸方向変位

V: 鉛直力，または体積
v: 鉛直方向変位
W: エネルギー
w: 板部材のたわみ
X: せん断付着力
y: 図心からの偏心距離
Z: 断面係数

●ギリシア文字

α: 材料定数，低減係数，または線膨張係数
β: 係数
Δ: 変化量，増分量，または変形
δ: 変形量，変位量，またはずれ (水平方向相対変位)
ε: ひずみ
ϕ: 曲率，コンクリートの内部摩擦角，またはクリープ係数
γ: 係数
η: 断面上縁から図心までの距離
λ: 合成桁のコンクリート床版の有効幅
μ: 塑性率，または摩擦係数
ν: ポアソン比
π: 円周率
θ: 回転角
σ: 垂直応力，てこ力
τ: せん断応力

複合構造とは

本章では，鋼とコンクリート複合構造とはどのようなものを指すのか，その定義と分類を行い，ついで複合構造の特徴と発展の経緯について述べる．

1.1 定義と分類

土木あるいは建築構造物は，はり (または桁)，柱，壁，床版 (またはスラブ) などの多くの部材から成り立っている．はりや柱などの骨組み部材は，鋼 (steel) や鉄筋コンクリート (RC) 造のものが一般的であるが，鋼はりの上にコンクリートスラブを結合したもの (**図 1.1** (a) 参照)，鉄骨を鉄筋コンクリートで被覆したもの (図 1.1 (b))，あるいは鋼管の内部にコンクリートを充填したもの (図 1.1 (c)) など，異種材料の組合せによって造られた部材も多数考案され，今日，多方面で利用されている．このように異種材料を組み合わせた部材を一般に**合成部材** (composite member) とよんでいる．

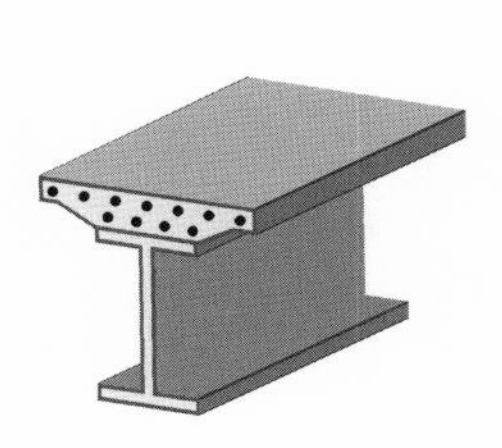

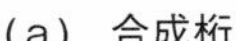

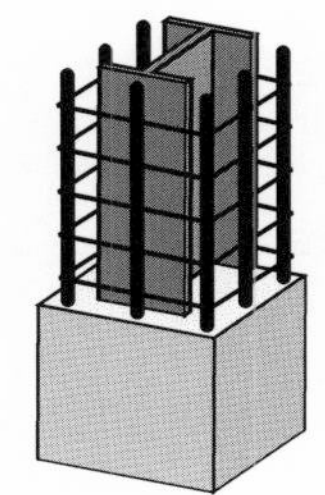

(a) 合成桁　(b) 鉄骨鉄筋コンクリート　(c) コンクリート充填鋼管

図 1.1 鋼とコンクリートからなる合成部材の例

一方，各部材は単一の材料から造られていても，異なる材料の部材を連結して一つの構造体を構築する場合がある．たとえば，多径間連続桁構造で，一部の径間が鋼桁，残りの径間が鉄筋コンクリート (RC) 桁あるいはプレストレストコンクリート (PC) 桁の場合，ラーメン構造で，はりが鋼部材で柱が RC 部材である場合などの事例 (**図 1.2** 参照) があり，このように異種部材を連結して一つの構造体を構築したものを混

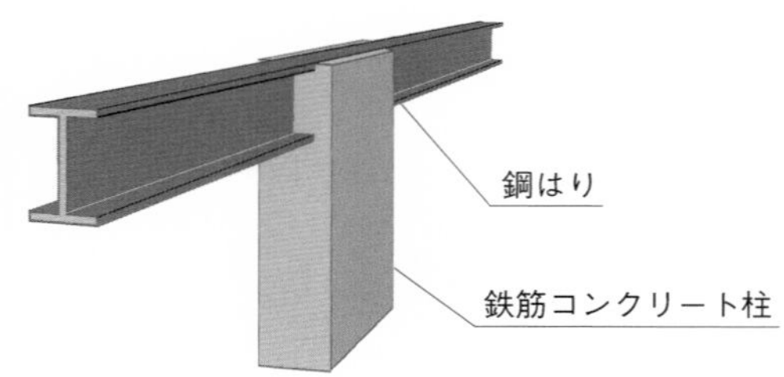

図 1.2　鋼部材とコンクリート部材からなる混合構造の例

合構造 (mixed structure or mixed system) とよんでいる．

今日，合成部材や混合構造は，多種・多様な形式が開発され，多方面で実構造物に利用されている．個々の形式については，2 章以降で紹介することにし，本章では，用語の定義と分類について述べる．

図 1.3 は，土木学会の出版物である鋼・コンクリート複合の理論と設計 (1999 年発行)[1]での複合構造の分類である．ここでは，**複合構造** (hybrid structure) は，合成部材からなる構造 (合成構造) と混合構造を総称した用語として用いており，鋼部材からなる鋼構造と RC または PC 部材からなるコンクリート構造につぐ第三の構造として位置づけられている．

一方，**図 1.4** は，若林ら[2]による建築分野での分類例である．ここでは，複合構造に相当した総称を**合成構造** (composite construction) とし，これを部材レベルの

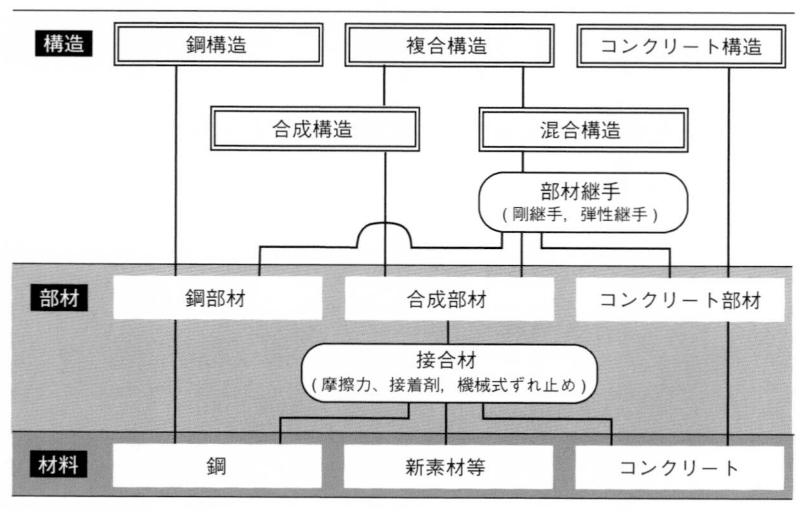

図 1.3　土木分野における複合構造の構成と位置づけ[1]

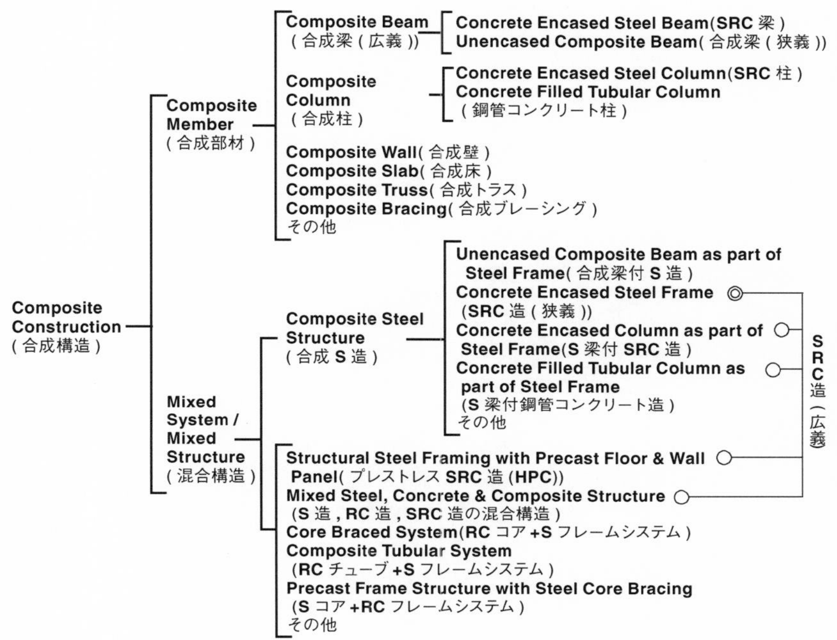

図 1.4 建築分野における合成構造の定義と分類[2]

合成部材 (composite member) と構造システムとしての混合構造 (mixed system) に分けている．なお，アメリカ土木学会の出版物[3]では，複合構造に相当する用語は，“mixed construction” であり，これを “composite construction” と “mixes steel-concrete system” に大別している．

複合構造の目的は，異種材料や異種部材を結合することによって，単一材料または単一部材では得られない優れた特性を作り出すことにある．複合構造は時代の要求とともに多種・多様に発展しており，その定義と分類については固定しがたいが，図 1.3 の合成部材と混合構造の総称としての “**複合構造**” という用語は，最近，建築分野でも使われるようになり，わが国において定着しつつあるように思われる．

1.2 複合構造の特徴

図 1.4 での建築分野の合成構造は，主として，中・高層の建物の構造体とその構成部材を対象としており，代表的な合成部材としては，鉄骨を鉄筋コンクリートで被覆した**鉄骨鉄筋コンクリート** (Steel Reinforced Concrete；SRC) はりや SRC 柱，鋼はりの上フランジとコンクリート床版を接合した合成はり，鋼管の内部にコンクリートを

充填した**コンクリート充填鋼管** (Concrete Filled steel Tube；CFT) 部材などである.

一方，図 1.3 の土木分野の複合構造は，建築構造に比べて対象構造が多種・多様であり，同一の構造体数が少ないこと，ならびに部材断面の寸法が大きいことが特徴である．**表 1.1** は，土木分野における既存の複合構造の適用構造物の分類である[1].

表 1.1 土木分野の複合構造における対象構造物[1]

橋梁上部工	合成I桁橋
	合成箱桁橋
	合成トラス橋
	合成床版橋
	合成ラーメン橋
	合成アーチ橋
	複合PC橋
	複合斜張橋
橋梁下部工	合成橋脚
	複合基礎工
港湾・海岸・海洋構造	ハイブリッドポンツーン
	ハイブリッドケーソン
	複合沈埋函
	ハイブリッド海洋プラットホーム
その他	合成容器 (サイロ，原子炉格納容器)
	複合スノーシェッド・ロックシェッド
	合成セグメント
	合成覆工板

土木分野の複合構造の多様な形式は，橋梁上部工にみることができる．たとえば合成I桁橋は，ずれ止めを介して鋼桁の上フランジと RC 床版を結合した最も基本的な複合桁橋である．鋼I桁の替わりに鋼箱桁を用いたものが合成箱桁橋で，鋼トラスを用いたものが合成トラス橋である．また，橋梁床版に用いる合成床版としては，鋼デッキプレート合成床版やプレキャスト合成床版などがあり，複合 PC 橋には，プレビーム橋，波形鋼板ウエブ PC 橋や鋼トラスウエブ PC 橋，複合斜張橋には，中央径間が鋼箱桁で側径間が PC 桁の混合構造形式がよく知られている．なお，表 1.1 では，“合成”，“複合”，“ハイブリッド” などの用語が明確に使い分けられているわけではなく，単に慣用の使用例を踏襲したに過ぎない.

個々の合成部材の特徴については，2 章に譲り，ここでは複合構造の一般的な特徴を述べるに留める.

表 1.2 は，池田[4]による複合による効果の分類を示している．表中の (1) と (2) は材料の長所の組合せによる短所の補完および合成作用による断面定数の向上という基本的効果である．たとえば，引張に弱いコンクリートを鋼で補い，また，座屈により

表 1.2 複合による効果の分類[4]

No.	分 類	備 考
(1)	長所の組み合わせによる補完	強度，剛性，靭性，耐久性，耐火性
(2)	合成作用	断面 2 次モーメント等の断面定数
(3)	鋼部材の架設への適用	支保工，架設工
(4)	鋼部材の架設と躯体への適用	支保工と躯体要素
(5)	急速施工	工期の短縮
(6)	重量の低減，重量のつりあい	コンクリートと鋼との置き換え
(7)	高品質化	靭性，拘束効果，耐久性
(8)	補修，補強	劣化の回復，耐震補強

圧縮に弱い鋼材をコンクリートで補うことや，合成による断面 2 次モーメントなどの断面定数の増加を意味している．(3) と (4) は支保工や型枠などの架設鋼材の本体構造への利用による省力化と経済的効果，(5) は架設材の省略やプレキャスト化などによる工期短縮，(6) はコンクリートと鋼との置き換えによる軽量化または重量のバランス化，(7) は防音，防振，耐震および耐火性などの面での高品質化および耐久性の向上，(8) は複合化による補修．補強性能の向上などを意味している．

1.3 発展の経緯

表 1.3 は複合構造の発展の経緯を概観している．本表は文献[5, 6] の当該の表に筆者が加筆したものである．ここでは土木分野に重点をおいている．なお，建築分野については，前述の若林らの書籍[2]や文献[7] を参照されたい．

異種材料や異種部材を合成するというアイデアは古くからあり，鉄筋コンクリート構造やプレストレスト構造がその代表例であろう．しかしながら，それらは豊富な実績を有し，すでに確立した分野を構築しており，今日，複合構造に含めないのが慣例である．

最も古い複合構造は鉄骨をコンクリート内に埋め込んだ，いわゆる**鉄骨鉄筋コンクリート**造といわれている．その起源は 1910 年から 1920 年頃にかけて，米国コロンビア大学およびイリノイ大学での埋め込み型**合成柱** (わが国では SRC 柱とよぶ) の実験報告にある．わが国では，SRC 部材を用いた構造は 1910 年頃に西欧から当時の建築技術とともに移入され，関東大震災によってその耐震性が認められ，その後は独自に発展した経緯がある．1958 年に日本建築学会において「SRC 構造計算規準」が制定され，その体系化がなされ，現在ではわが国の建築分野で SRC 構造が広く用いられている．

一方，土木分野の複合構造の発展を述べるには，まず**合成はり**を取り上げなければならない．前述の，I. M. Viest のレビュー[8, 9]によれば，鋼 I 桁の上フランジと

表 1.3 複合構造の発展の経緯[5, 6]

西暦 (年)	事項
1910-20 頃	コロンビア大学，イリノイ大学での SRC 柱の実験報告
1923	カナダの Mackay らの SRC はりの実験
1923	関東大震災における SRC 建物の耐震性の実証
1939	T. Nelson によるスタッド溶植法
1941	Meier-Leipnitz らの合成桁の設計
1950	西ドイツの合成桁設計暫定規準
1950's 後半	英国インペリアルカレッジ，Chapman のずれ止めの研究
1952 より	建設省土木研究所での合成桁の実験，安宅・橘両教授の理論的研究
1953	米国リーハイ大学，Viest らのずれ止めの研究
1953	わが国最初の合成桁橋，旧神崎橋 (大阪) 完成
1954	西ドイツの合成桁設計基準
1958	日本建築学会，鉄骨鉄筋コンクリート計算規準・同解説 (第 1 版)
1959	日本道路協会，鋼合成桁橋の設計施工指針
1960 より	山本稔らのずれ止めの研究
1961	AISC Specification (ずれ止めの規定)
1965	British Standard Code of Practice, CP117, Part 1
1967	首都高速道路公団，SRC 設計基準
1967	日本建築学会，鋼管コンクリート構造設計規準・同解説
1970	道路橋示方書に合成桁の条文を規定
1973	日本国有鉄道，合成鉄道橋の設計標準
1973	アークスタッドジベル溶接施工指針 (建設省道企発 106 号)
1974	AASHO 荷重係数設計法の採用
1979	CEB, ECCS, FIP, IABSE:合成構造のモデル指針 (案)
1980	英国 BS5400，第 5 部合成橋梁
1984	ヨーロッパ規準 4(1984 草案)，鋼コンクリート合成構造
1986	土木学会，コンクリート標準示方書，鉄骨鉄筋コンクリートの規定
1996	土木学会，コンクリート標準示方書，鋼・コンクリート合成構造の規定

コンクリート板を接合した代表的な合成はりや桁のルーツは 1922〜1923 年にカナダの Mackay らによるコンクリート内に形鋼を埋め込んだはりの実験であるといわれている．

1920 年代から 1930 年代にかけては，カナダ，イギリス，アメリカにおいてコンクリート内に完全に埋め込まれた鋼材の自然付着強度による合成作用の研究が中心であった．しかし，1930 年代に入り研究者の興味は，**ずれ止め**をもった鋼材の研究に移行し，1940 年以降は鋼桁の上に設けたずれ止めを介してコンクリート版を接合した構造の研究が盛んに行われるようになった．

1941 年，Meier-Leibnitz らにより**合成桁**の設計・施工に関する研究が進められ，1950 年にドイツで合成桁設計暫定規準が制定された．わが国では，1952 年に建設省 (現：国土交通省) 土木研究所で合成桁の研究が始められ，ほぼ同時に，大阪大学安宅勝教授，大阪市立大学橘善雄教授らによる理論的研究が行われ，1953 年，わが国最初の合

図 1.5 旧神崎橋 (**1953** 年 完工・大阪市提供)

成桁橋として旧神崎橋 (大阪市) が誕生した (**図 1.5**). その後, 1959 年には日本道路協会の鋼合成桁橋の設計施工指針が制定され, 合成桁橋はわが国でも広く普及するようになった.

今日, 鋼桁とコンクリート版の接合材としてはスタッドが最も一般的であるが, 鋼桁へのスタッド溶植が初めて使用されたのは, 1918 年イギリス, ポーツマスの H.M. 造船所であるといわれている[10, 11]. アメリカ合衆国では 1939 年に, T.Nelson 氏が航空母艦のメタルデッキにスタッド溶植を行った.

建築の合成はりのずれ止めとしてスタッドを用いたのは, 1953 年より 2 年間にわたり前述のイリノイ大学の I.M. Viest の指導の下でのネルソン社の研究であり, その成果により, **頭付きスタッド**が AASHO に承認された. わが国では, 昭和 30 年代に, 大阪変圧器 (株)(現在, (株) ダイヘン) が技術導入し, 昭和 40 年代に入り, 超高層ビルの合成はりに盛んに利用されるようになった.

わが国における**ずれ止め**の研究としては, 1960〜1961 年の山本稔氏 (当時, 東京都立大学) と建設省 (現：国土交通省) 土木研究所の研究をあげることができる[12, 13]. ここでは合成桁橋に用いられるブロックジベル, チャンネルジベル, 馬蹄形ジベル, ならびにスタッドジベルについて押し抜き試験を行い, 終局せん断強度およびずれ剛性などを調べ, 前述の Viest の研究と比較し, 設計に用いる許容せん断強度式を提案しており, これが道路橋示方書での規定の基礎になっている.

連続形式の**合成桁**橋の設計では, 中間支点上の負の曲げモーメントへの対処が重要な課題になった. PC 鋼材や支点沈下によって床版へのプレストレス力を導入する方法が開発され, 西ドイツでは, 1950 年代後半から 1960 年前半にかけて, 最大支間長

40〜80 m の連続合成桁橋が架設された．わが国でも 1958 年，毛馬橋 (大阪市) を初めとして，多数の連続合成桁橋が架けられた．しかし，計算の煩雑さやクリープによるプレストレス力の低減などの理由により，プレストレス力を導入しない方法がわが国やアメリカ合衆国で研究されるようになった．

わが国において，昭和 40 年代初頭からの高度経済成長時代での自動車交通量の飛躍的増大と過積載車の横行は，鋼桁上の鉄筋コンクリート (RC) 床版のひび割れ損傷問題を発生させ，道路橋床版の耐久性問題に大きな関心が寄せられるようになった．当時の建設現場での労働力の不足問題と相まって，RC 床版に替わる合成床版が注目され，昭和 40 年代後半から今日に至るまで多種・多様な形式の合成床版が開発されている．欧米での合成床版の開発は，吊橋のデッキへの適用を目的とした軽量床版に着目されており，1959 年，フランスの Tancarville 橋に採用された鋼板コンクリート床版 (Robinson slab とよばれている) はその代表例である．

一方，鋼材をコンクリートで被覆した SRC 造は建築分野で発達したが，土木分野では首都高速道路公団の橋脚や本四公団の長大橋梁の橋脚への適用され，1986 年には土木学会コンクリート標準示方書に鉄骨鉄筋コンクリートの項が制定された．また，鋼管内にコンクリートを充填したいわゆるコンクリート充填鋼管柱は，建築分野で発展し，1970 年鋼管コンクリート基準 (日本建築学会) が制定され，土木分野では，鋼管杭や橋脚への適用が認されている．

1980 年代の半ば，フランスのコンクリート技術者は，従来からある PC 箱桁橋のコンクリートウエブを波形鋼板や鋼トラスで置き換えた新しい複合橋梁を誕生させた．この橋梁形式は，外ケーブルによるプレストレス力が上下のコンクリートフランジに効果的に導入できる点に特徴があり，わが国でも 1993 年完成の新開橋 (新潟市) を初めとして今日まで多数架けられている．

昭和 50 年代以降，今日までの約 20 数年間において，わが国では，多種・多様な複合構造の適用例がみられる．土木分野に限ってみても，橋梁上部では，前述の合成 I 桁橋の他に，合成箱桁橋，合成トラス橋，合成床版橋，合成ラーメン橋，合成アーチ橋，プレビーム合成桁橋，複合斜張橋などがあり，橋梁下部工では，合成橋脚，複合基礎工などがある．また橋梁以外では，ハイブリッドポンツーン，ハイブリッドケーソン，ハイブリッド沈埋函，合成ロックシェッドなど枚挙にいとまない．それらの構造形式にもそれぞれ固有の歴史を有しているが，紙数の関係で割愛する．

最後に，これからの複合構造の発展には環境負荷低減の課題を避けて通れず，材料または部材の再使用・再利用を配慮した複合構造形式の開発が望まれている．そのための一手法として，異種部材の解体と再構築が容易な接合工法[14] が開発されていることを付記しておく．

2章 複合構造の形式

複合構造の形式は，**1.1** 節に示したように，鋼とコンクリート両材料を断面内で接合して部材を構成する『合成部材』と，鋼部材とコンクリート部材を縦横に接合して構造系を成す『混合構造』に大別される．本章では，両者の具体例を紹介し，個々の特徴，特にその効用について説明し，異種材料または異種部材を一体化する有用性を示す．本来，ここで示す効用を得るためには，その接合方法の特性，すなわち，どのような装置や構造細目を施せば，異種材料間または異種部材間で適切な応力伝達がなされるかを検討することが重要であることはいうまでもない．その点については，次の **3** 章で説明する．

2.1 合成部材

2.1.1 鉄骨鉄筋コンクリート部材

鉄骨鉄筋コンクリート (SRC)[15]部材とは，1.3 節で述べたように，国内外のいずれにおいても，最も古く発祥した合成部材である．その名称が示すように，鉄骨 (Steel; S)，具体的には**図 2.1** (b) の圧延 H 形鋼，または 図 (d) の溶接組立の十字形鉄骨を，図 (c) の鉄筋コンクリート (Reinforced Concrete; RC) 部材内に図 (a) のように配置

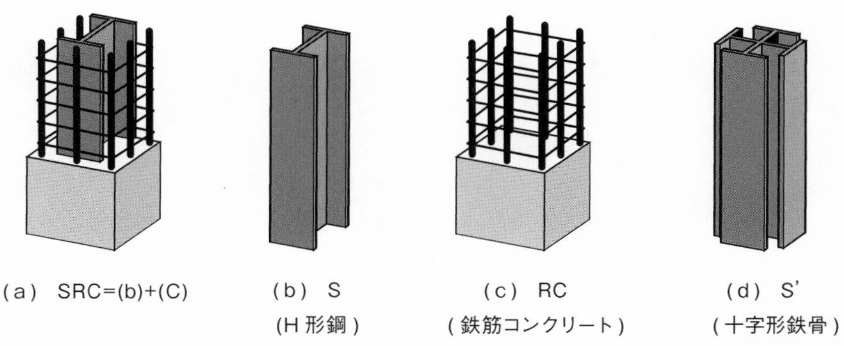

図 2.1 鉄骨鉄筋コンクリート (**SRC**) 部材と構成材

したものである．主に，建物柱，特に上層階自重による軸力作用が顕著な中高層建物の下層階の柱材としての施工実績が高い．また，断面高さが制約される鉄道橋の桁部材[16]にも活用されている (**図 2.2** (a) 参照).

さらに，中空 SRC 断面を有する道路橋の高橋脚[17]などにも利用されている．なお，鋼材とコンクリートとの接合は一般にはなされていない．開発初期には形鋼の腹板を格子やトラス状にした鋼材も用いられたが，現在では図 2.1 (b)，(d) のように充腹型鋼材を用いるのが一般的である．なお，SRC という名称はわが国においては広範に認知されたものであるが，国際的には，concrete encased steel beam/column (コンクリート被覆型鋼はり/柱) と称される．その特徴を以下に列記する．

① 多量な鋼材を配置でき，RC 構造に比べ断面寸法を縮約できる．

② 鋼材がコンクリートに内蔵されているので，鋼構造に比べ座屈耐力ならびに耐火性が向上する．

③ 耐力と変形能が共に大きく，鋼ならびに RC 構造に比べ優れた耐震性能を有する．

④ 施工が煩雑で工期が長く，経済性に改善すべき点を残している．

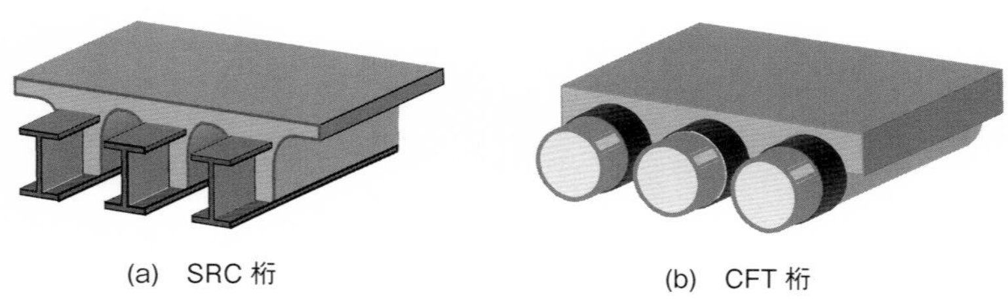

(a) SRC 桁　　(b) CFT 桁

図 2.2 桁部材への適用例

2.1.2 コンクリート充填鋼管部材

コンクリート充填鋼管 (CFT) 部材とは[18]，**図 2.3** (c) に示すように円形鋼管，あるいは図 (d) の角形鋼管の内部に，図 (a) のようにコンクリートを充填した合成部材である．用途は，建築分野では前項の SRC 同様に，中高層建物の低層階柱であり[19]，土木分野では，その**エネルギー吸収能**から耐衝撃性や耐震性に着目し，落石覆工の部材[20]や後述の複合アーチへの適用，さらには軽量化に着眼した長支間橋梁主桁[21]への適用構想もある (図 2.2 (b) 参照).

なお，未充填の鋼管の外側を RC で巻立てた被覆型やコンクリート充填鋼管を RC で被覆した被覆・充填型などもあるが，それらは前述の SRC の範疇として取り扱わ

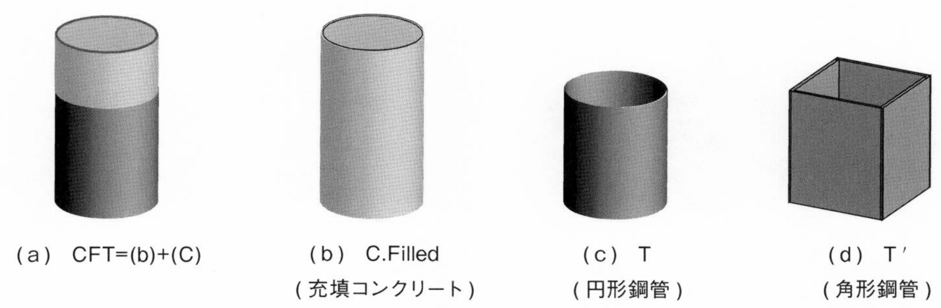

図 2.3 コンクリート充填鋼管 (**CFT**) 部材と構成材

れる．さらに，充填コンクリートと鋼管を一体化するために鋼管内面に突起を設ける場合やコンクリート充填前の形状保持を含め鋼管内面に補剛材を付与する場合もあるが，前項の SRC 同様に，特に工夫はなされていないのが一般的であり，強度算定には**累加強度法** (後述．5.4.3 項参照) が適用される場合が多い．その場合，一般に施工性と座屈抑制から，鋼管の外寸 (直径または幅) と管厚の比，すなわち径厚比または幅厚比に上限値が設けられる[18]．前項同様に，CFT 部材の特徴を以下に列記する．

① 充填コンクリートにより，鋼管の局部座屈が拘束され，鋼構造に比して，座屈耐力が向上する．

② 充填コンクリートは，鋼管により側方膨張拘束され，耐力と変形能が共に向上する．

③ 充填コンクリートの熱吸収により，鋼管は無耐火皮膜も可能である．

④ 施工が簡便で工期が短く，経済的利点が認められる．

2.1.3 合成桁

最も普及した**合成桁** (composite girder)[22]，あるいは**合成はり** (composite beam) とは，鋼桁や鋼はりとその上に敷設される RC 床版を，3.1.2 項で後述する頭付きスタッドなどの機械式ずれ止めで接合した部材である．たとえば，土木分野では**図 2.4** に示す橋梁の桁に，一方，建築分野では，はりと一体化した床組に用いられている．

なお，設計では，図 2.4 (b) に示す鋼桁 1 本当たりの RC 床版の幅は，**シアラグ** (shear lag，せん断遅れ) 現象 (5.2.5 項で詳述) を考慮した**有効幅** (effective width) とし，図 2.4 中では b_e で表している．また，当部材は，前述の SRC の国際表記である concrete encased steel beam との対照で，unencased composite beam (被覆されない合成はり) ともよばれる．その特徴を以下に列記する．

① 床版と桁を合成しない場合に比べて，部材高さを低く設定できる．

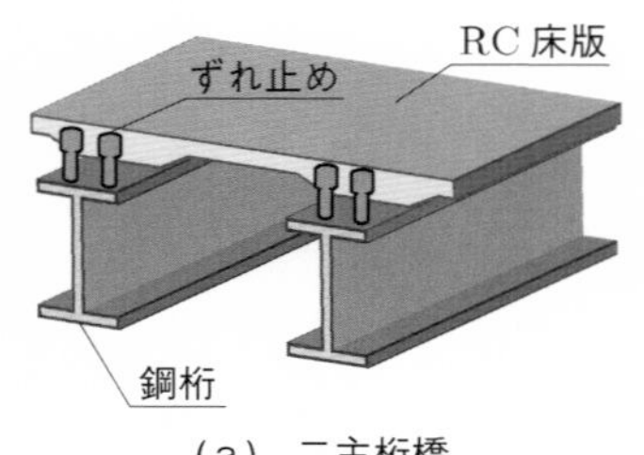

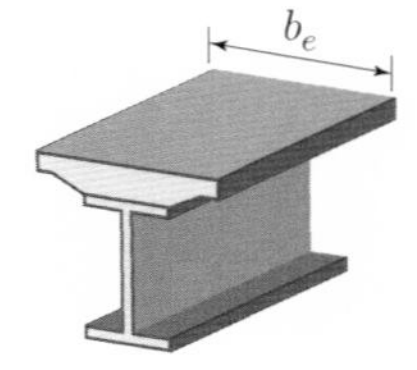

(a) 二主桁橋　　(b) 有効幅：b_e の床版を有する合成桁

図 2.4 合成桁

② 連続桁橋の中間支点など負曲げを受ける部位では，RC 床版が引張を，一方，鋼桁が圧縮を分担することになり，正曲げを受ける径間部とは異なる特別な配慮が必要になる．

③ 前述の SRC のようなコンクリート被覆型部材や CFT のようなコンクリート充填型部材では鋼材の座屈が抑制されるが，コンクリート非被覆 (unencased) 型の当部材は鋼材の座屈挙動により，部材としての強度ならびに変形能が支配される場合がある．

図 2.5 を用いて特徴 ③ に説明を加える．着目すべきは，図 2.5 (a) 鋼材の断面形状すなわちフランジの自由突出部の幅厚比 b_f/t_f と腹板 (ウエブ) の幅厚比 h_w/t_w である．これらの値が大きくなると，同図 (b)，(c) のようにそれらの局部座屈が早期に起こりやすくなり，部材としての強度と変形能が低下する．ここで，図 (b) では上フランジはコンクリートに接して座屈しにくいが，図 (c) の下フランジが圧縮フランジとなる場合には何ら拘束がなく，座屈しやすい．なお，この性状は 5.3.3 項 1) で詳述する．

一方，鋼 I 桁の代わりに鋼箱桁を RC 床版に接合した合成箱桁がある．そこでは，鋼箱桁の上フランジが有る場合と無い場合があるが，後者では，**図 2.6** (a) に示すように，上フランジを RC 床版とし，下フランジと両ウエブの鋼板により閉断面を構成している．連続形式の合成桁橋では，負曲げモーメントによる中間支点部の RC 床版の

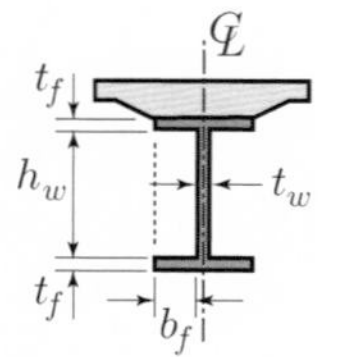

(a) 鋼断面寸法諸量

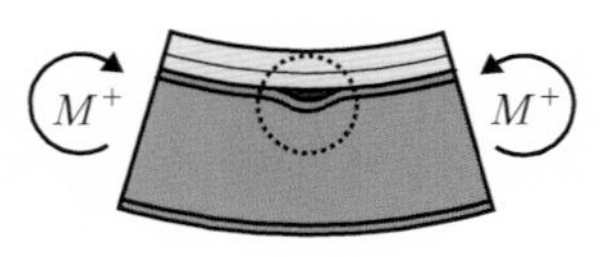

(b) 正曲げ時の上フランジの局部座屈

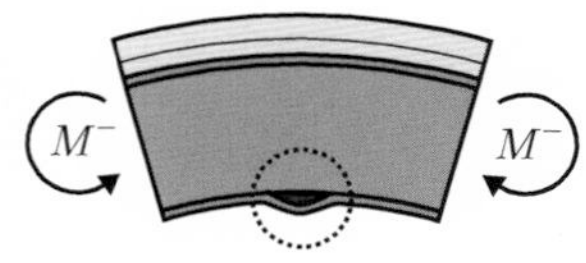

(c) 負曲げ時の下フランジの局部座屈

図 2.5 合成桁の鋼断面とフランジの局部座屈

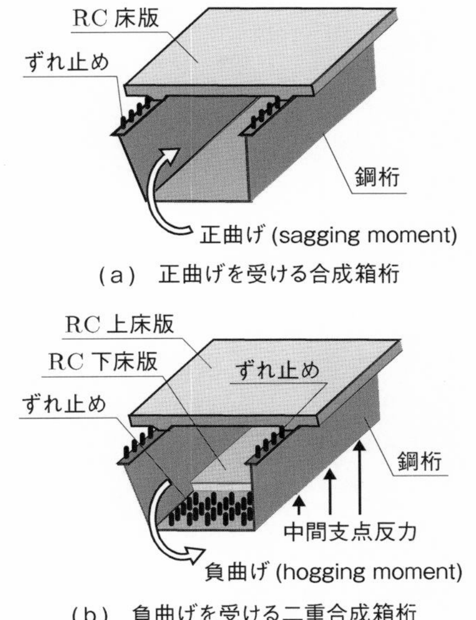

（a） 正曲げを受ける合成箱桁

（b） 負曲げを受ける二重合成箱桁

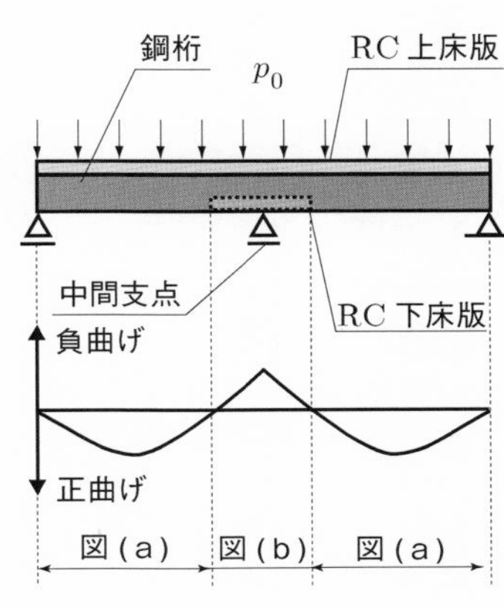

（c） 分布荷重 p_0 を受ける 2 径間連続合成桁の曲げモーメント分布

図 2.6 合成箱桁

ひび割れ損傷など設計上の問題があり，いろいろな工夫がなされている．欧州では，負曲げモーメントに対しても合成作用を発揮させるために，鋼箱桁内部の底鋼板にコンクリートを打設し，図 2.6 (b) に示すような，上，下のコンクリート床版と合成した**二重合成箱桁**[23] (double composite box girder) も広く採用されている．

2.1.4 鋼板・コンクリート合成部材

鋼板・コンクリート合成部材 (steel plate – concrete composite plate/wall/shell)[24] とは，鋼板とコンクリートを積層状に配置した合成部材である．**図 2.7** に示すように，補剛材やずれ止めを設けた底鋼板にコンクリートを打設した合成床版に代表される 2 層式部材と，**図 2.8** に示す鋼製隔壁 (せん断補強鋼板) と上下あるいは左右鋼板で仕切られた閉空間にコンクリートを充填する**サンドイッチ部材**の 2 種類がある．

まず，2 層式部材は，建築，土木の分野を問わず，合理的な床版として広く普及している[25, 26]．図 2.7 (a) には，道路橋床版を対象として，薄肉の底鋼板と，その上に一般に場所打ちされる上部コンクリート，そして接合材 (具体的には，3.1.2 項，機械式ずれ止めで説明) を例示している．すなわち，図 2.7 (a) には施工性に優れ，現場で簡便に鋼板に溶接できる頭付きスタッド (headed stud) を，一方，図 2.7 (b) には，剛性の高い形鋼 (section steel)，そして図 2.7 (c) では折り曲げ鉄筋，または型抜き鋼板

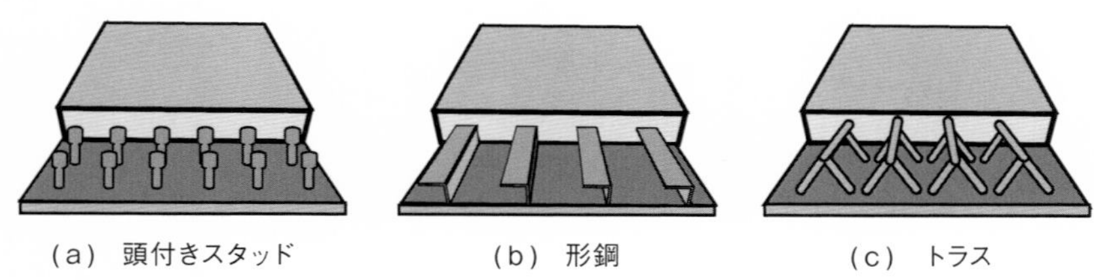

図 2.7 鋼板・コンクリート合成部材例 (床版)

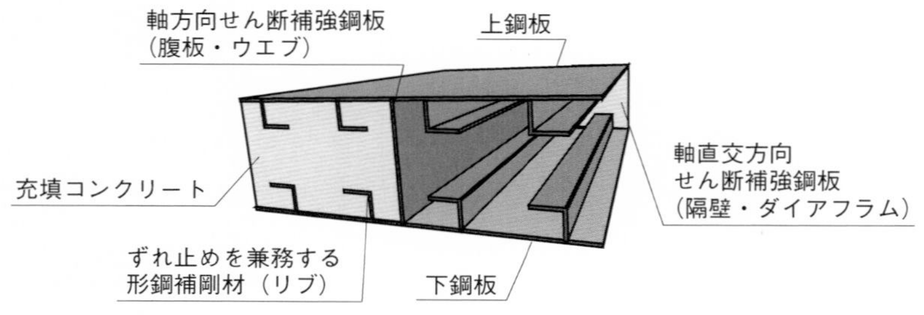

図 2.8 サンドイッチ部材例 (床版)

などで構成されるトラス (steel truss) を示している．ここで，図 2.7 (a) では施工時における底鋼板の剛性が低く上方からのコンクリート打設に対して下方からの仮設支保工が必要となるが，他者は接合材による補剛効果があり支保工を必要としないという利点がある．

2 層式部材の特徴として次の①，②があげられる．

① 多くの鋼断面を配置することができるために，RC 床版に比して，版厚が縮約できる．

② 底鋼板が永久型枠を兼ねるとともに，RC 床版で生じる劣化に伴うコンクリート片の落下を防げる．

一方，サンドイッチ部材は，前者と同じく橋梁床版として，また，港湾施設に属する**沈埋トンネル**函体[27] (主に自動車道) にも多くの適用実績を有する．後者の函体は，並列 2 箱断面で，上・下床版ならびに左・中・右壁を部材とし，壁と床版を接合することにより，折れ板シェル構造 (folded shell structure) を成立させるものである．その特徴として以下の③～⑥があげられる．

③ 前項の CFT の特徴 ① 同様に，充填コンクリートによる鋼板の座屈防止

④ 前項の CFT の特徴 ② 同様に，鋼板閉空間による充填コンクリートの 3 軸膨張拘束

⑤ 鋼板閉空間へのコンクリート打設には，充填性に優れた高流動コンクリートを要する．

⑥ 道路橋床版で問題となる**押し抜きせん断**耐力が，上記 ④ の効果も含めて，RC や 2 層式合成床版より向上する．

なお，**図 2.9** に部材軸が鉛直方向になる合成壁と合成円筒を例示する．

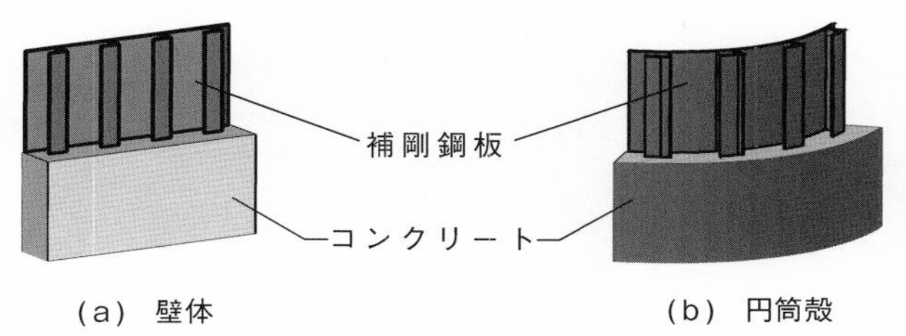

図 2.9 鋼板・コンクリート合成壁と殻部材の例

2.1.5 波形鋼板ウエブ PC 箱桁

プレストレストコンクリート (prestressed concrete; PC) 技術の発展に伴い PC 箱桁が開発・適用されたが，設計での永久荷重 (死荷重) の大半を占める桁の自重が大きく，同規模の鋼桁や合成桁に比して不利であった．そこで，1980 年代フランスにおいて，これを改善すべく，自重の 30〜40 %を占める PC 腹板を鋼腹板へ置換する試みが行われた (**図 2.10** 参照)．しかし，PC ケーブルの緊張により，軸方向に導入するプレストレス力に対する鋼腹板座屈防止のため，多量の水平補剛材が必要となり，得策とはいえなかった．

このような背景の下，開発された箱桁の一つが，**図 2.11** に示す**波形鋼板ウエブ PC 箱桁** (prestressed concrete box girder with corrugated steel webs)[28] であり，後述の

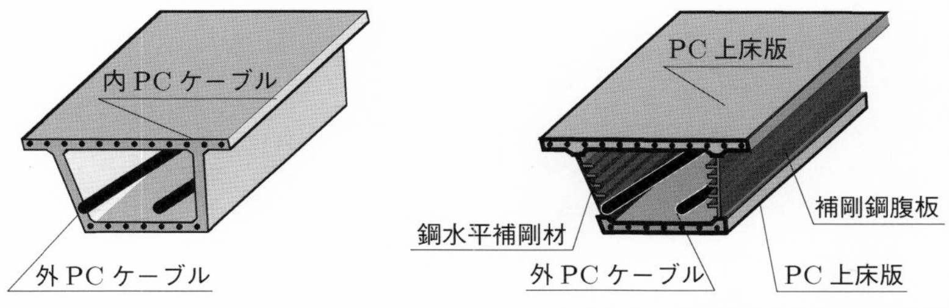

図 2.10 **PC** 箱桁の軽量化

複合トラスも同じ背景の下で開発されたPC箱桁の改良形式の一つである．この合成部材では，上下PC床版は曲げと軸力に抵抗する．一方，橋軸直交方向に凹凸を設けた波形鋼板 (corrugated steel web plate) は，前述の水平補剛鋼腹板とは異なり，橋軸方向に伸縮すること (アコーディオン効果：図2.11 (b) ともよばれる) により，**外ケーブル方式**で導入されるプレストレス力を含む軸力 N や曲げ作用には抵抗せず，せん断作用 S のみに抵抗する．すなわち，波形鋼板は，PC箱桁の軽量化が図られた当初のように，プレストレス力に対処するための多量の補剛材が不要となる．また図2.11 (c) に示すように波形を構成する各鋼板要素の縦横比が大きいと要素単体のせん断座屈が生じにくい．さらに波形の凹凸により，一般的な平坦な鋼桁腹板パネルがせん断作用による斜張力場の形成とそれに直交する局部座屈も抑制できる．

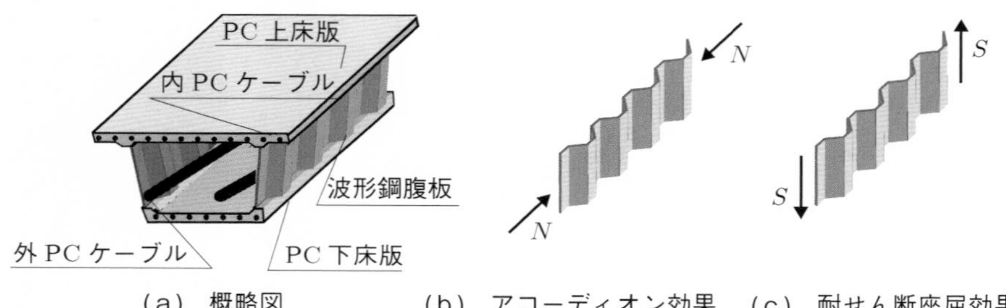

図2.11 波形鋼板ウエブPC箱桁

2.1.6 複合トラス

図2.12に示す**複合トラス** (composite truss)[29]は，本来，上下の両PC床版部材を鋼製トラス斜材で繋ぐ，すなわち異種部材から構成される構造であり，次節の『混合構造』の範疇に属するものである．前項の波形鋼板ウエブPC箱桁と同一の開発背景から派生したもので，前項と比較しながら紹介する．

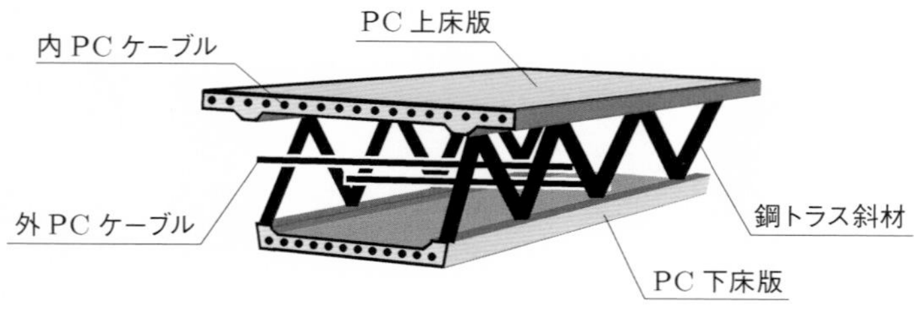

図2.12 複合トラス桁

複合トラスは，図 2.10 (a) に示す PC 箱桁断面の腹板を，鋼材で構成されるトラス斜材に置換することにより，波形鋼板ウエブ PC 箱桁と同様に，自重軽量化に寄与している．また，トラス斜材同士がその端部で交差し，かつ上または下のいずれかの PC 床版とを接合している部位を格点といい，その構造詳細に種々の工夫を要する (図 3.33，図 3.34 参照)．波形鋼板ウエブ PC 箱桁における大寸法鋼板の折り曲げ加工に対して，トラス斜材は比較的簡便な製作が可能なことがその特徴にあげられる．またトラス斜材を採用することにより，側面構造形状に透明性があり，周辺環境に視覚的な圧迫感を与えず，景観上好まれやすいという特徴もある．

2.2 混合構造

2.2.1 柱部材とはり部材

本節では，異種 2 部材の両部材軸が直交する形式で接合される場合について説明する．まず，最も適用例の多い RC 柱と鋼はりの接合[30]を**図 2.13** (a) と (b) に示す．図 2.13 (a) は，はり部材が柱部材を貫通する形式を例示している．その逆の柱部材がはり部材を貫通する形式もあり，それについては 3.2.2 項 1) で述べる．このような異種部材の組み合わせの目的は，軽量な鋼はりを用いて，構造系全体の自重軽減を図ることにある．特に建築構造物においては上層階の自重の軽減化が地震荷重の低減につながり，柱材の設計が容易になるという利点がある．

一方，静定系が好まれた橋梁構造物でも，後述の複合ラーメンのように，耐震性などの向上を図るために，近年同様の接合がなされている．また，建築物，特に高層建築の低層階では，地震時の組み合わせ荷重に対して，RC 柱に比して，より粘り強い SRC または CFT といった合成柱を用いる場合もあり[15, 18]，それらについては 3.2.2 項 3) で述べる．

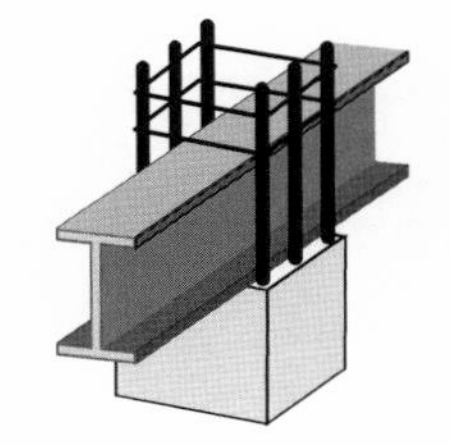

(a) コンクリート打設前

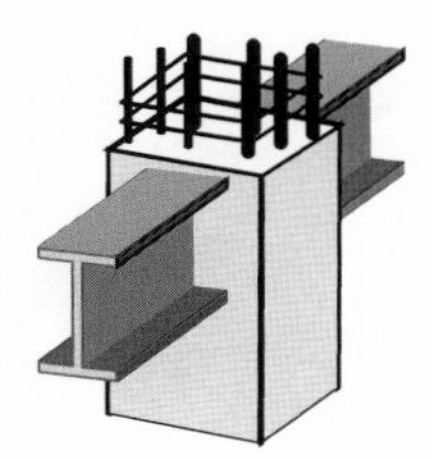

(b) コンクリート打設後

図 2.13 鋼はり貫通形式接合部

2.2.2　はり部材とはり部材

前項の異種部材が部材軸を直交する形式で接合する場合に対し，部材軸を一致させた形式で接合する場合もある．各種の接合方法については 3.2.1 項で詳述するが，ここでは一例として**図 2.14** に鋼桁と PC 桁を後者の PC 鋼棒を延長して接合した**混合桁** (**接合部**詳細例は図 3.13 を参照) を示す．

この部材の適用例として，**図 2.15** に混合桁を用いた**複合斜張橋**を示す．中央径間を軽量な鋼桁とし，アップリフト (桁の両端が上方に浮き上がる挙動) の生じる両側径間には，自重の大きい PC 桁をカウンターウエイト (つり合いおもり) として用いて，アップリフトを抑制している[31]．なお，一般的に複合斜張橋と総称される場合には，

①　鋼桁 ＋RC/PC 主塔

②　混合桁 ＋ 鋼/RC/PC 主塔

③　合成桁 ＋ 鋼/RC/PC 主塔

をいう．

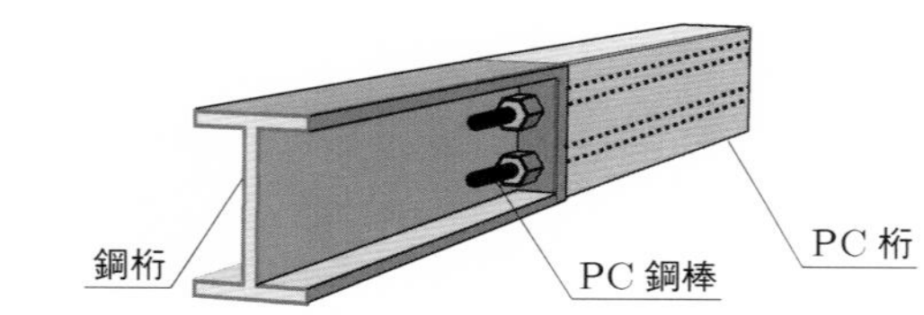

図 2.14　**PC** 桁と鋼桁を接合した混合桁の例

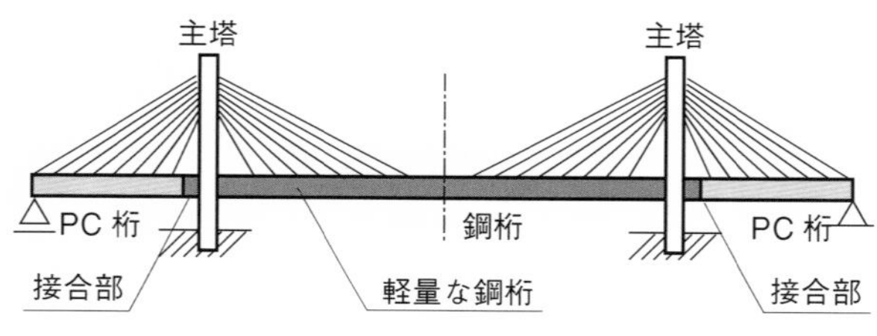

図 2.15　混合桁を用いた複合斜張橋の例

2.2.3　柱部材と基礎躯体

図 2.16 に，鋼または CFT 柱部材と RC **基礎躯体**の**接合部**の各典型例を示す．図 2.16 (a) は従来からよく見受けられる例で，柱部と基礎躯体を別々に製作・施工し，アンカーボルトなどで両者を面接合する形式である．一方，図 2.16 (b) は柱部材を基礎躯体に埋め込む形で一体施工される例であり，昨今要請が高まる施工の合理化や優れた耐震性能に応じたものといえる．

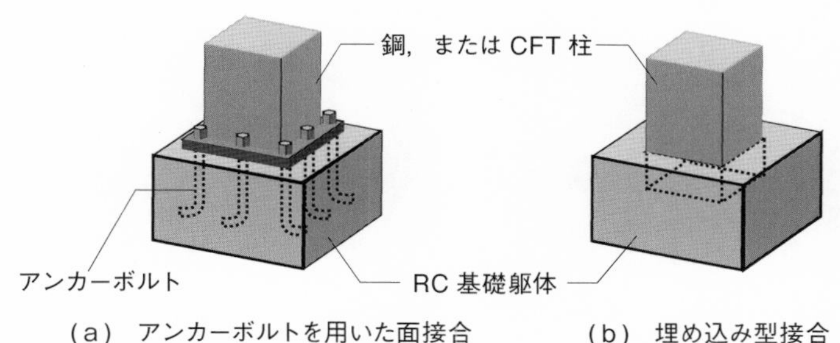

図 2.16 **RC** 基礎躯体と鋼または **CFT** 柱の接合部の例

2.2.4 複合ラーメン

複合ラーメン[32]とは，従来，**図 2.17** (a) に示すように，柱と桁をピン支承で連結したものを，図 2.17 (b) のように柱部材とはり部材の接合部と同様に剛接合したものである．両者に対応する図 2.17 (c) と (d) の両曲げモーメント図の対比からわかるように，地震時水平荷重 H 作用時の耐力を向上，すなわち，曲げモーメントを系一体となって負担する構造系であり，下部工ならびに基礎工の縮約をもたらす．また，桁と柱，いわゆる上下部工の接合により，本来，適宜交換が必要とされる支承部が削除され，維持管理性が改善できる．なお，**図 2.18** には，図 2.17 (b) の接合部である鋼桁とコンクリート柱の接合部の概要を例示している．

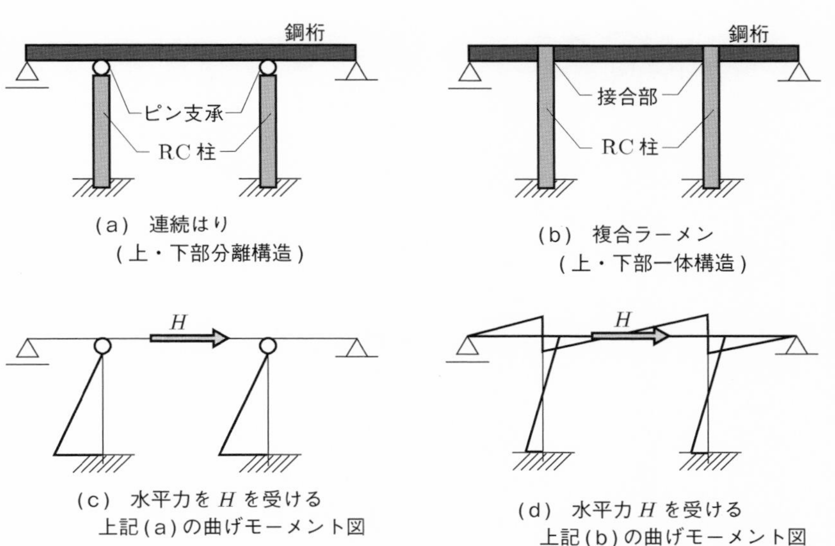

図 2.17 複合ラーメンの構造特性

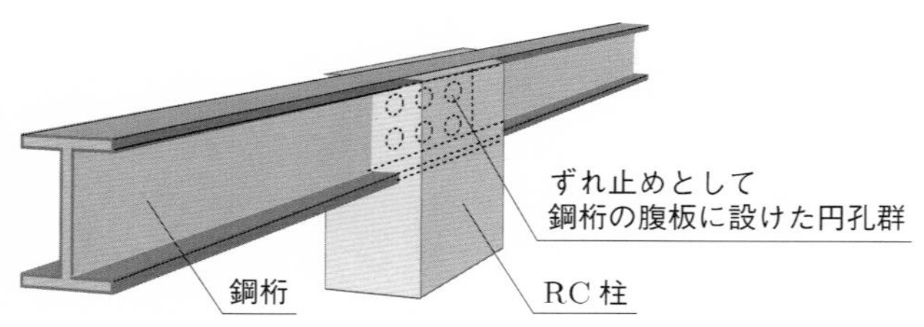

図 2.18 複合ラーメンにおける PC 柱と鋼桁の接合部の例

2.2.5 複合アーチ

複合アーチは，アーチ，鉛直材ならびに，桁部材を含む，上，中間あるいは下床版といった構成部材が異種部材の組み合わせからなる『混合構造アーチ』と，主部材であるアーチに合成部材を用いた『合成構造アーチ』に二分される[33]．今日の適用状況を見れば，後者が大半を占め，それは，**図 2.19** (a) に示すコンクリート充填型アーチ[34]と図 2.19 (b) に示すコンクリート被覆型アーチ[35]とに，細分される．

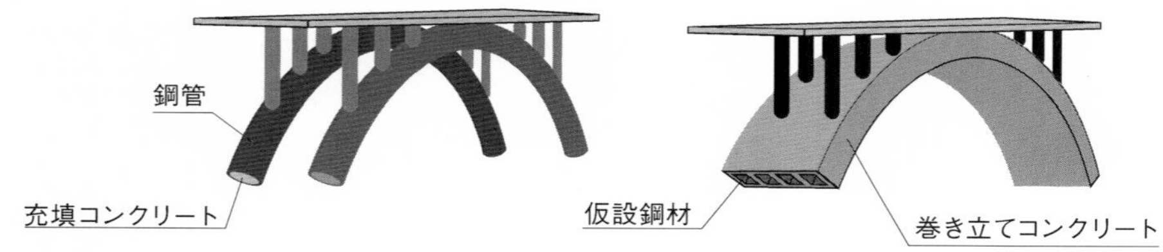

(a) コンクリート充填型 (CFT) アーチ (b) コンクリート被服型アーチ

図 2.19 複合アーチの例 (合成構造アーチ)

図 2.19 (a) は，アーチに働く主な断面力である軸力，具体的には圧縮力に対し，前述のように高い強度と粘りのある変形能を有する CFT 部材を用いて，アーチの強度特性向上を図ろうとするものである．一方，図 2.19 (b) は，完成形の力学特性向上はもとより，施工性に力点を置く構造である．すなわち，施工時において，まず，軽量な鋼材を用いてアーチの骨格を構築し，その後に，骨格線に対してコンクリートを巻き立てていく工法により，骨格線形成時の支保工が軽減でき，急速施工が可能となる．

3章 複合構造での接合方式と応力伝達機構

前章では，『合成部材』と『混合構造』に対し，それらの効用に論点を絞って紹介した．本章では『合成部材』における異種材料間の接合と，『混合構造』における異種部材間の接合の両者について，いかなる方策により，接合される異種材料あるいは異種部材間で適切な応力伝達がなされるか，いい換えれば，一体化された部材あるいは構造系として機能し，ひいては前章で示した各種の効用を得ることができるかという観点から，接合に必要となる装置や構造細目について説明する．

3.1 合成部材での異種材料の接合

3.1.1 接合方法の種別

異種材料間の接合の目的は，接合面でのずれ (slip)，すなわち両材料間の接合面に沿った方向の相対変位 (**図 3.1** (a) の δ を参照) を，防止・抑制することである．この種の接合は，一般に，せん断接合とよばれる．その方策としては，**図 3.2** に示すように摩擦，接着，機械式ずれ止めの三者があげられる．

(a) ずれ：δ (slip)

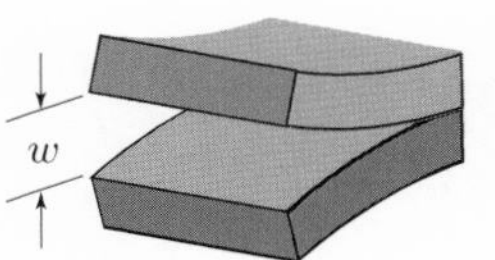

(b) 開口：w (opening)

図 3.1 接合面の相対変位

図 3.2 (a) の摩擦とは，材料 ① と ② にずれを与えるせん断力 Q に対して，上層の材料 ① と下層の材料 ② の接合面に直交する垂直応力 σ の下で，接合面での加圧・密着作用により生じるせん断応力 τ で，ずれを防ぐものである．周知のように，上記のせん断応力 τ の上限 $\tau_{\max}$ は，与えられる垂直応力 σ に，$\tau_{\max} = \mu\sigma$ (ここに，μ は

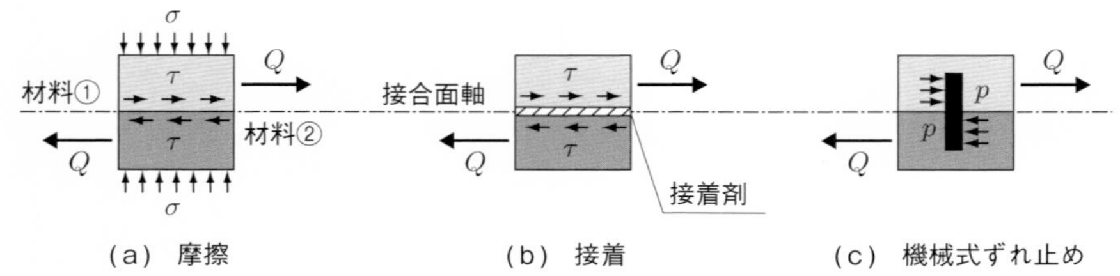

図 3.2 各種せん断接合の概念

摩擦係数で，接合される両材料の組み合わせにより決定される) なる比例関係をもつ．具体的には，接合面に直交配置した高力ボルトを締め付けて，垂直応力を与える手法などがある．

図 3.2 (b) の**接着**とは，エポキシ樹脂などの接着剤を接合面に敷設して，ずれを防ぐものであり，図 3.2 (b) の接着におけるせん断応力の上限値 $\tau_{\max}$ は，当然のことながら接着剤固有の特性に依存する．

図 3.2 (c) の機械式ずれ止めとは，基本的には材料① と ②の接合面をずれ方向に直交して配置する装置 (**ずれ止め**：shear connector; ドイツ語では，ジベル：Dübel) の総称である．そのため，前述の二者の接合面上のせん断応力 τ とは異なり，接合面外を含んだ位置でずれ止めに働く支圧応力 p にて，せん断力 Q に抵抗するものである．実践的には，ずれ止めは鋼製であり，接合される鋼材の接合面上に溶接設置し，その後コンクリートを打設し，両者を接合する．

図 3.2 に示す三つを比べて，最も確実に，かつ，最も大きなずれ抵抗 (強度) を得るものが，次項で具体的に紹介する機械式ずれ止めであり，施工例の大半を占める．

なお，本項冒頭で，一般的な接合とはせん断接合であると述べたが，SRC に代表されるコンクリート被覆型部材を除き，合成桁や波形鋼板ウエブ PC 箱桁などのコンクリート非被覆型部材においては，ある荷重作用下において，図 3.1 (b) に示す開口 (opening，または肌離れ：separation)，すなわち接合面直交方向の相対変位 w が生じることもある．そのため機械式ずれ止めには，開口防止機能も備えた例が多く，次項以降で適宜説明する．

3.1.2 機械式ずれ止め

本項では，まず，適用実績が多く，かつ，後述の混合構造における異種部材の接合に適用される代表例として，ずれ変形挙動を異にする 1) 頭付きスタッドと，2) 孔あき鋼板ジベルの各基本特性を述べる．つづいて，3) その他の機械式ずれ止めを例示し，最後に 4) 同種あるいは異種ずれ止めの組み合わせなどの適用例を紹介する．

1) 頭付きスタッド：headed stud

図 3.3 (a) に**頭付きスタッド**の詳細，そして図 3.3 (b) にはずれを生じさせる水平力，すなわちせん断力 Q とずれ δ の関係 (荷重–変位関係) を示す．

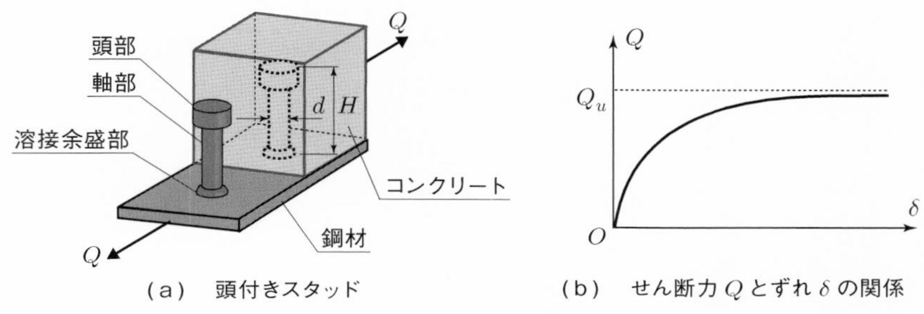

(a) 頭付きスタッド　(b) せん断力 Q とずれ δ の関係

図 3.3 頭付きスタッドの詳細とずれ挙動

スタッド本体は図 3.3 (a) に示すように，径が大きく高さの低い頭部と径が小さく高さの高い軸部の二つの鋼円柱からなり，頭部高と軸部高の和である全高 H と軸部直径 d とが，その代表寸法となる．頭部のないスタッドもあるが，前述の開口防止の理由により，頭部をもつものが一般的である．また，溶接余盛部もスタッドの特性に関与する．鋼材へのスタッド溶接は，スタッドを装填した銃 (ガン) 式の小型機材により，現場で簡便かつ機動的に施工できるため，従来から多用されている．

次に，図 3.3 (b) のせん断力–ずれ関係を見れば，作用せん断力の増加に伴い，低い荷重段階からずれを生じ，最終的には，大きなずれ変形を伴いながら，**終局せん断強度** Q_u へと漸近して行く．このように低荷重域からずれが生じる挙動から，スタッドは柔なずれ止めの代表例とされる．また，この関係すなわち図 3.3 (b) の曲線の傾きを，**ずれ剛性** k (N/mm) とよぶ．なお，柔に対比される剛なずれ止めの代表例としては，次項に説明する孔あき鋼板ジベルがあげられる．ただし，図 3.3 (b) に示した終局せん断強度 Q_u はスタッドが終局状態に至るまで，周辺コンクリートの早期破壊を起こさないよう十分なかぶりや拘束鉄筋が設けられていることを前提としている．

このようなスタッドのせん断破壊形式は，代表寸法である全高と軸部径との比 H/d が，ある程度大きく形状が細長い場合に生じ，その模式図は**図 3.4** (a) のように描ける．また，この場合の Q_u の算定は，軸部断面積 A_s $(=\pi d^2/4)$ と軸部**せん断降伏応力** τ_{sy} の積に実験定数 C を配慮した

$$Q_u = C \times A_s \times \tau_{sy} \tag{3.1}$$

が基本となる．一方，H/d がある程度小さく形状が太短な場合には，図 3.4(b) に斜線で示したひび割れ面が発生する．スタッド周辺のコンクリートの割裂破壊に，その強

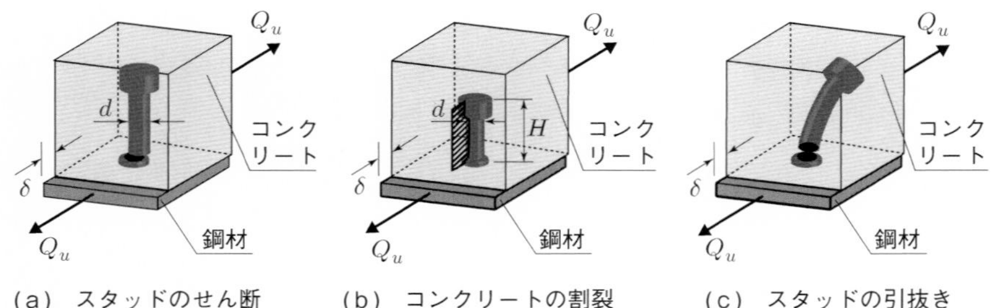

(a) スタッドのせん断　(b) コンクリートの割裂　(c) スタッドの引抜き

図 3.4 頭付きスタッドの破壊形式

度は依存する[36]．この場合の Q_u の算定は，公称全体正面投影面積 A_b $(= dH)$ とコンクリートの割裂強度 σ_{ct} の積に実験定数 C' を配慮した次式，

$$Q'_u = C' \times A_b \times \sigma_{ct} \tag{3.2}$$

が基本となる．

しかしながら，実際の破壊形式は一般には上記のように明瞭に二分できず，複合的な様相を呈する．実験で観察される典型的な破壊形式を図 3.4(c) に示す．図 3.4 にはスタッドの挙動のみを示したが，スタッド頭部がコンクリートのずれ方向に動く．具体的には軸部の曲げ変形を伴って頭部底面がもち上げられることにより，軸部の根本である溶接余盛部が引抜かれるように破断する．

なお，図 3.3 (b) に示したせん断力–ずれ (Q–δ) 関係の実用式としては，1971 年にアメリカ合衆国で公表された Ollgaard, Slutter & Fisher の次の実験式[37] がよく参照されている．

$$Q_u = 0.5A_s\sqrt{f'_c E_c} \tag{3.3}$$

$$Q = Q_u \frac{3.15\delta}{1 + 3.15\delta} \tag{3.4}$$

ここに，A_s はスタッド軸部断面積，f'_c と E_c は，それぞれコンクリートの圧縮強度とヤング係数を示し，ずれ量 δ の単位は mm である．

さて，既往の設計式の一例として，道路橋示方書[36]では，前述の二つの破壊形式を考慮し，スタッドの全高 H と軸部径 d の比 H/d を因子として，式 (3.5)，(3.6) のように，2 種の許容せん断力を与えている．まず，図 3.4 (a) に示すスタッドのせん断が支配する比較的細長いスタッドに対しては，次式を適用する．

$$Q_a = 9.4d^2\sqrt{\sigma_{ck}} \qquad (H/d \geq 5.5) \tag{3.5}$$

ここに，σ_{ck} はコンクリートの設計基準強度 (N/mm^2) である．これに対応する式 (3.1)

と比べると，軸部断面積 A_s $(= \pi d^2/4)$ は設計式に反映されていると見なせる．しかし，スタッド軸部せん断降伏応力 τ_{sy} は陽に考慮されず，コンクリートの強度 σ_{ck} が支配因子となっている．

次に，図 3.4 (b) に示すコンクリートの割裂が支配する，比較的太短いスタッドに対しては，次式を適用する．

$$Q_a = 1.72dH\sqrt{\sigma_{ck}} \qquad (H/d < 5.5) \tag{3.6}$$

これに対応する式 (3.2) と比べると，公称全体正面投影面積 A_b $(= dH)$ は設計式に導入されていることがわかる．また，コンクリートの割裂強度 σ_{ct} もコンクリートの強度の変数として考慮されているといえる．ここで，上記の設計式は終局強度に対してある安全率を見込んだ許容値を与えたものである．なお，実践的な押し抜きせん断試験による終局せん断強度 Q_u は，上記の許容値 Q_a の 6 倍程度あるといわれている．

一方，複合構造に関する欧州共通設計基準である EUROCODE 4[38]では，スタッドの終局せん断強度の設計用値 Q_{ud} として，

$$Q_{ud} = \frac{0.8 f_u \pi d^2/4}{\gamma_v} \tag{3.7}$$

または

$$Q_{ud} = \frac{0.29\alpha d^2\sqrt{f_{ck}E_{cm}}}{\gamma_v} \tag{3.8}$$

の小さい方を用いるとしている．ただし，式 (3.8) にて

$$\alpha = 0.2\,(H/d+1), \quad (3 \leq H/d \leq 4) \tag{3.9}$$

$$\alpha = 1, \quad (H/d > 4) \tag{3.10}$$

として，式 (3.5) と式 (3.6) と同様に H/d を因子として場合分けしている．ここに，γ_v：部分安全係数，d：スタッドの軸部径 (ただし，16 mm $\leq d \leq$ 25 mm)，f_u：スタッドの終局引張強度 (ただし，500 N/mm^2 以下)，f_{ck}：コンクリートの圧縮強度の特性値 (N/mm^2)，E_{cm}：コンクリートのヤング係数，H：スタッドの全高である．すなわち，式 (3.8) は式 (3.3) に対応しており，一方，式 (3.7) は，図 3.4 (c) に示した現実に即したスタッドの引抜き破壊形式を，直接的に考慮している．

最後に，溶接余盛り部に関して述べる．図 3.1 (c) の p に相当する応力は，当然のことながら全高 H にわたって均等に作用せず，剛度が高く，母材である鋼材に最も近い溶接余盛部に集中することが知られている．溶接は簡便さが利点であるが，図 2.7 (a) に示した合成床版に用いられる広い平面積をもつ鋼板を例にとれば，スタッド配置，すなわち点在する各スタッド溶接部には，溶接に伴うかなり大きな初期応力が局

所的に導入され，前記の応力集中も相乗し，スタッド溶接余盛部での疲労破断に至る場合もあり注意が必要である[39]．この最も顕著な例としては，車両の通行による走行変動荷重を受ける道路橋合成床版があげられる．

2） 孔あき鋼板ジベル："perfobond" strip

はじめに，**孔あき鋼板ジベル**の英文表記のパーフォボンド・ストリップ（"Perfobond" strip）という名称は，開発者であるドイツの Leonhardt らが 1987 年に公表した当該独文論文[40]の英文概要に従ったものであるが，開発時期が比較的に近年であるためか，種々の名称が用いられている．本来の独文表記では，Die Perfobond-Leiste であり，たとえば，それを略した『PBL』や『PBL ジベル』，また帯板状の鋼板が本来鋼構造部材の補剛材として使用されていた経緯から，『パーフォボンド・リブ』ともよばれる．

さて，**図 3.5** に，その詳細 (a) とずれを生じさせる水平力 (b)，すなわち，せん断力 Q とずれ δ の関係（荷重–変位関係）の模式図を示す．

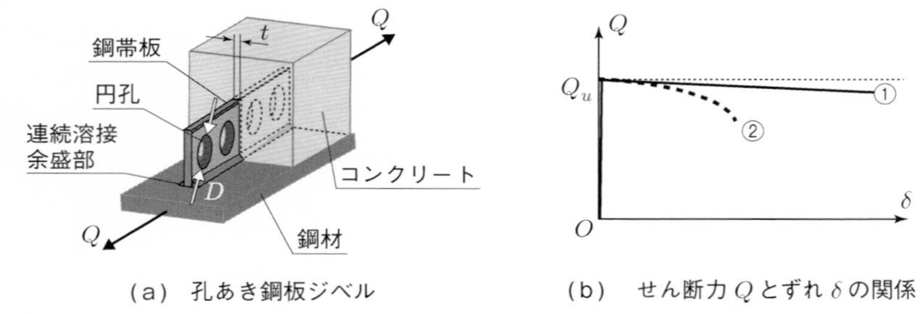

（a） 孔あき鋼板ジベル　　（b） せん断力 Q とずれ δ の関係

図 3.5 孔あき鋼板ジベルの詳細とずれ挙動

孔あき鋼板ジベル本体である鋼帯板は，図 3.5 (a) に示すように，ずれが生じる方向，たとえば母材が鋼桁であれば腹板と同一線上もしくは平行方向に沿って，母材である鋼材面に鉛直に配置され，その底辺の両側面が鋼材に連続溶接されている．図 3.5 (a) のように，鋼帯板には複数の直径 D なる円孔が，均等な間隔で配置されている．そして，コンクリートを打設し，各円孔内に充填されたコンクリートの繋ぎ作用（concrete dowel ともよばれる）により，鋼材とコンクリート間のずれと開口を防止する接合法である．

次に，図 3.5 (b) のせん断力–ずれ関係を見れば，作用せん断力が増加しても，ほとんどずれを生じず，ずれ剛性をほぼ無限大に保って，図中縦軸上を上昇する剛な変形特性を示す．**終局せん断強度** Q_u に達した後は強度をほぼ保持しながらずれ変形が増加する，図中の太い実線 ① のような挙動を呈する．なお，併記した太い点線 ② については，図 3.7 のところで述べる．

図 3.6 (a) を参照しながら，さらに説明を加える．まず，終局せん断強度 Q_u に達

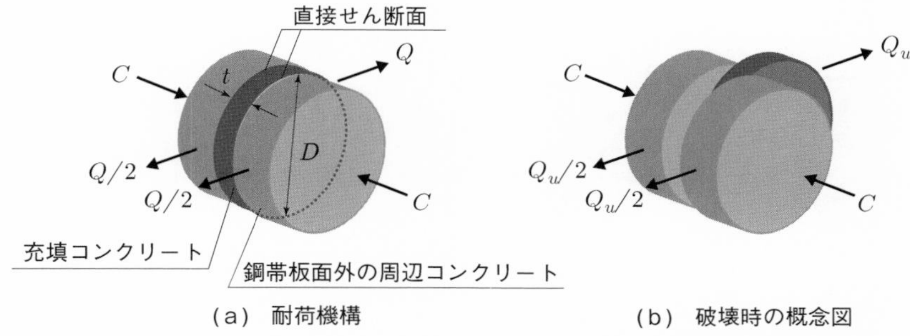

（a） 耐荷機構　　（b） 破壊時の概念図

図 3.6 鋼帯板の円孔に充填されたコンクリートの **2** 面直接せん断機構

するまでは，作用せん断力 Q に対し，図中に『直接せん断面』と表示した円孔内に充填された円柱状コンクリートの円形側面で抵抗する．また，このせん断強度は，充填されたコンクリートが，その周辺のコンクリートの存在により拘束されるため，当該せん断面に垂直な圧縮力 C を受けた状態でのせん断強度となり，無拘束状態より，その強度 τ_u は上昇する．このような機構の下で破壊が始まるため，その強度 Q_u の算定は，直接せん断面の 2 面分の面積 $(2 \times \pi D^2/4)$ とコンクリートのせん断強度 τ_{cu} の積に，上述のコンクリートのコンファインド効果 (confinement effect，後述の 5.5.2 項参照) などを含む実験定数 C_p を配慮した式，

$$Q_u = C_p \times \tau_{cu} \times 2 \times \frac{\pi}{4} D^2 \tag{3.11}$$

を基本とする．

一方，終局強度到達後は，図 3.6 (b) に示すようにずれが生じ始める．同じ時点で円孔部を**図 3.7** (a) に一点鎖線で示した着目線を通る水平断面で見れば，図 3.7 (b) に示す当該せん断面上でのコンクリートの**骨材の噛合わせ機構** (aggregate interlocking) で抵抗する．ここで，このせん断強度を保有する抵抗機構をより確実にするためには，図 3.7 (c) に示すように，鋼帯板に直交するように円孔内に異形鉄筋を貫通させ，コンクリートのみならず鉄筋の**ダウエル効果** (dowel action) を併用することが肝要である．もし，貫通鉄筋が配置されない場合には，図 3.5 (b) の太い点線② のように，終局強度到達後，ずれ変形の増加に伴い強度が低下するという軟化現象が起こり，終局強度が保持できなくなる．

ただし，前述の頭付きスタッドと同様に，他の破壊形式が発生する場合もある．たとえば，孔部直径 D に比して帯板厚 t が小さいと，充填されたコンクリートの支圧破壊が**図 3.8** (a) の斜線域のように生じる．その強度算定は，円孔内充填コンクリートの支圧部投影面積 Dt とコンクリートの**支圧強度** σ_{cb} の積に実験定数 C'_p を配慮した式，

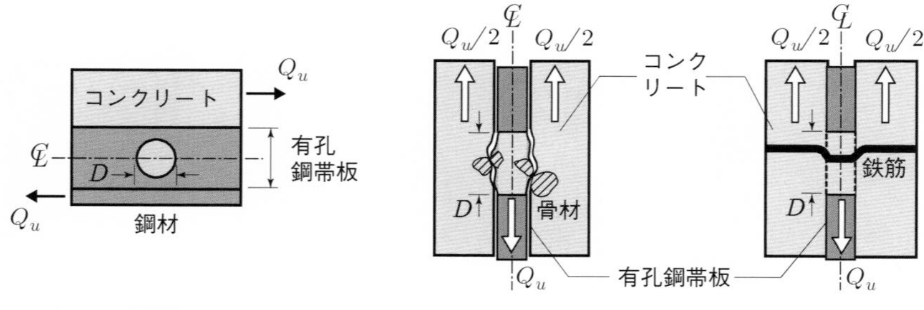

（a） 帯板正面図と着目する中心線　（b） 骨材の噛合い　（c） 貫通鉄筋によるダウエル効果

図 3.7 孔あき鋼板ジベルの **2** 面直接せん断ひび割れ面での抵抗機構

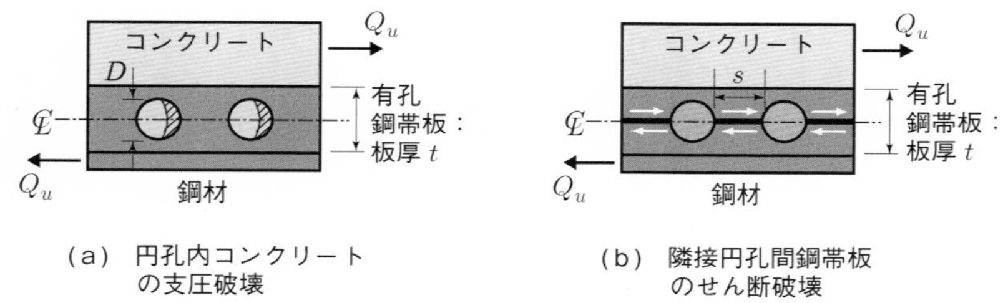

（a） 円孔内コンクリートの支圧破壊　（b） 隣接円孔間鋼帯板のせん断破壊

図 3.8 孔あき鋼板ジベルの **2** 面直接せん断以外の破壊形式

$$Q'_u = C'_p \times \sigma_{cb} \times Dt \tag{3.12}$$

が基本となる．一方，円孔の配置間隔が密であれば，隣接する円孔間での鋼帯板の降伏が，図 3.8 (b) の太線部のように生じる．その強度算定は，隣接する円孔の中心間距離 S と円孔直径 D との差 $s\ (= S - D)$，すなわち隣接する円孔間で最小の鋼帯板の長さに帯板厚 t で与えられる帯板のせん断面積とそのせん断降伏応力 τ_{sy} の積に実験定数 C''_p を配慮した式，

$$Q''_u = C''_p \times \tau_{sy} \times st \tag{3.13}$$

が基本となる．

上記の強度算定概念を示した基本式 (3.11)～(3.13) に対して，開発者である Leonhardt らが当該論文上で提案した具体的な強度算定式を式 (3.14)～(3.16) に示す．なお，原式は立方体試験体で得られるコンクリートの圧縮強度 β_{wm} を用いて表記されているが，ここではその試験体寸法を標準的な $20 \times 20 \times 20$ (cm^3) とし，わが国での標準的な直径 15 cm で高さ 30 cm の円柱試験体から得られる圧縮強度 f'_c へは，$f'_c = 0.83\beta_{wm}$[41] という係数換算をしている．

まず，開発理念に則した，コンクリートの直接 2 面せん断によるせん断強度 (Q_u) に対して，

$$Q_u = 1.08 f'_c \times 2 \times \frac{\pi}{4} D^2 \tag{3.14}$$

と与えている．ここに，D は円孔の直径を示す．対応する式 (3.11) での実験変数とコンクリートのせん断強度の積 $C_p \times \tau_{cu}$ の項が，$1.08 f'_c$ で記述されている．

次に，抑止すべき円孔内のコンクリートの支圧破壊によるせん断強度 Q'_u に対して，

$$Q'_u = 7.2 f'_c \times Dt \tag{3.15}$$

と与えている．ここに，t は鋼帯板の厚さを示す．対応する式 (3.12) での実験変数とコンクリートの支圧強度の積 $C'_p \times \sigma_{cb}$ の項が，$7.2 f'_c$ で記述されている．

最後に，上記の支圧破壊とともに，抑止すべき隣接する円孔間の鋼帯板のせん断破壊によるせん断強度 Q''_u に対して，

$$Q''_u = 2.5 \times \frac{f_{sy}}{\sqrt{3}} \times st \tag{3.16}$$

と与える．ここに，s は図 3.8 (b) に示した隣接する円孔間で最小の鋼帯板の長さを示す．対応する式 (3.13) での実験変数 C''_p が 2.5 で，鋼帯板の**せん断降伏応力** τ_{sy} が，4.1.2 項の式 (4.20) で示す von Mises の条件に従う $f_{sy}/\sqrt{3}$ で記述されている．設計では 2 面直接せん断破壊形式で，その強度 Q_u に至るように式 (3.14)〜(3.16) から，

$$Q_u < Q'_u \quad \text{かつ} \quad Q_u < Q''_u \tag{3.17}$$

となる大小関係を満たすように材料強度と寸法諸元を定める．なお，点状に配置・接続される頭付きスタッドでは溶接部の疲労破壊に言及したが，ここでは，線状に延長する連続溶接によるために応力集中が緩和されるので，疲労破壊に対する配慮は不要となる．

3） その他の機械式ずれ止め

まず，**図 3.9** (a) に**突起付き鋼材**の一例として，線状の突起を有する鋼板を示す．

この突起の高さは 2〜3 mm 程度で，鋼材すなわち母材となる鋼板や形鋼などの圧延成形時に同時に形成されるものである．具体的には，板材であれば図 3.9 (a) のよ

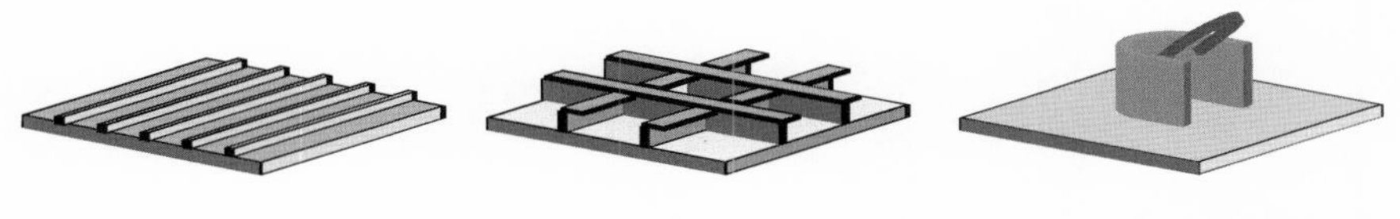

(a) 突起付き鋼材　(b) 形鋼　(c) ブロックジベル

図 3.9 その他の機械式ずれ止めの例

うに片側 (あるいは両) 表面上に，形鋼であれば主にフランジ外側平面上に，そして，鋼管であれば外周あるいは内周面に形成される．

着目すべきは，ここで紹介する機械式ずれ止めがすべて母材への溶接工を要するのに対し，この突起付き鋼材は現場あるいは工場での溶接を要しない点である．なお，突起形状は線状の他に，粒状，千鳥格子状などの離散に配置されるものや，線状でも螺旋状に形成されたものなどがある．その特徴として，溶接不要であることと圧延成形時の限界からずれ止め高さが低いことがあげられる．

この形状の特徴より，そのずれ破壊形式は，同様の成形過程と形状を併せもつ鉄筋コンクリート (RC) 部材の異形鉄筋のそれに類似する．このため，この鋼材突起による接合を付着接合ともよぶ．ただし，突起付き鋼材は，完全被覆型合成部材への適用例を除けば，開口変位，たとえばコンクリートの突起頂部への乗り上げなどが生じうる場合がある．

このような破壊現象は，周囲をコンクリートに囲まれている RC 部材内の異形鉄筋のずれ破壊，いわゆるせん断付着破壊にはみられない．具体的な破壊形式は 2 種類で，突起高さ h と隣接する突起との間隔 s の比 h/s に依存する．

図 3.10 (a) のように高さに比して間隔が狭い，すなわち h/s がある程度大きい場合には，隣接する突起頂部を結ぶようにコンクリートがせん断破壊に至る．一方，図 3.10 (b) のように高さに比して間隔が広い，すなわち h/s がある程度小さい場合には，突起部に圧接するコンクリートの支圧破壊が生じる．いずれの破壊形式においても，破壊時までに相対変位 (ずれ) が生じない剛なずれ挙動を呈する．

次に，図 3.9 (b) に形鋼によるずれ止めの一例として，L 形鋼を倒立させて，母材である鋼板に格子状に配置したものを示す．これは，鋼構造における鋼板部材，たとえば鋼桁腹板に水平ならびに鉛直の両補剛材を配置したものと同一と見なせる．このようなずれ止めの適用は，2.1.4 項の**鋼板・コンクリート合成部材**に多く見られる．また，鋼桁のフランジ上面に鋼桁軸線に直交するように形鋼を配置し，後述のブロックジベルと同様な用途に充当する場合もある．鋼板・コンクリート合成部材では，比較

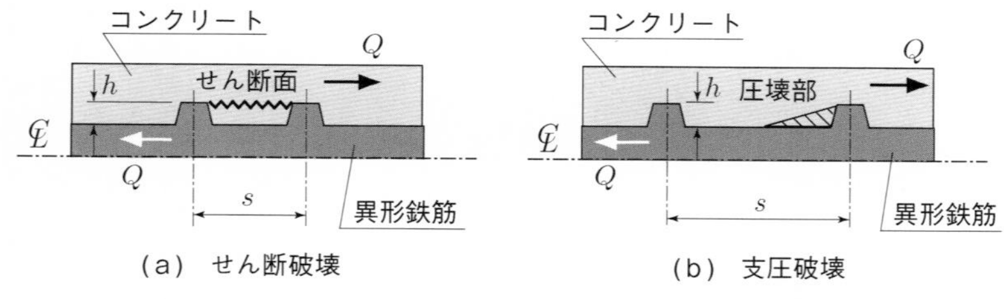

図 3.10 異形鉄筋の付着せん断機構 (突起付き鋼材の参考)

的薄肉な鋼板を用いることが多く，形鋼を図 3.9 (b) のように配置することにより，コンクリート打設前の鋼板の自重に対する形状を保持するとともに，コンクリート打設時の打設圧に対する鋼板の補剛も兼務できる．

最後に，図 3.9 (c) に**ブロックジベル**の一例として，馬蹄形ジベルを示す．ずれを馬蹄形内部で受け止める形式で，前述の孔あき鋼板ジベルと同様に，剛なずれ挙動を呈する．なお，馬蹄形内部に上向きに傾斜して溶接された U 字型の鋼棒は，開口挙動を抑制するものである．

4） 具体的な適用例

合成桁における鋼桁と，RC あるいはプレストレストコンクリート (PC) 床版の接合を題材に，具体的な適用例を示す．まず，頭付きスタッドをずれ止めとして用いる場合には，**図 3.11** (a) のように並列状で桁軸方向に均等に配置・現場溶接し，その後，RC 床版を打設して接合するのが標準的である．また，図 3.11 (b) のように，スタッドを群状に集中配置・溶接する方法もある．いわゆる**グループスタッド**とよばれるものであり，接合する際は，群状のずれ止め配置位置に合わせて貫通孔を設けた工場製作のプレキャスト PC 床版を敷設し，その後，各貫通孔をコンクリートで充填する．

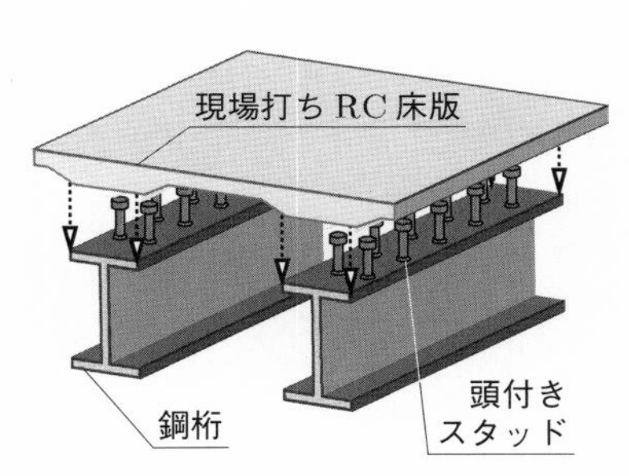

（a） 標準的な均等間隔配置

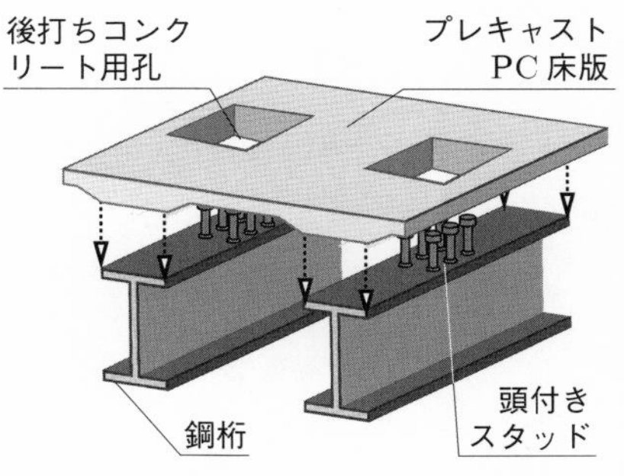

（b） 集約的配置 (グループスタッド)

図 3.11 合成桁における頭付きスタッドの配置例

次に，同じ題材で，孔あき鋼板ジベルをずれ止めとして用いる場合を**図 3.12** に示す．まず，図 3.12 (a) は前述の貫通鉄筋を各円孔に貫通させた例で，前述の図 3.7 (c) に対応する．図 3.12 (b) は孔あき鋼板ジベルを並列配置させた例で，ツイン・パーフォボンド・リブ (twin “Perfobond” rib) ともよばれる．また図 3.12 (c) は，図 3.11 (a) の標準的な頭付きスタッド配置に，孔あき鋼板ジベルを併用した例である．

当然のことながら，単一の頭付きスタッド，鋼帯板の円孔，突起，形鋼，またはブロックジベルを用いて，部材全体にわたり接合がなされるわけではなく，適切な配置

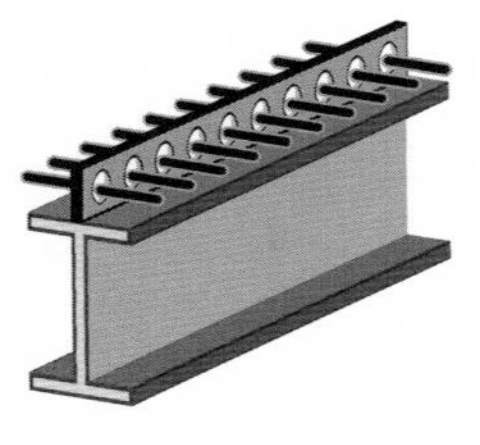

(a) 貫通鉄筋併用

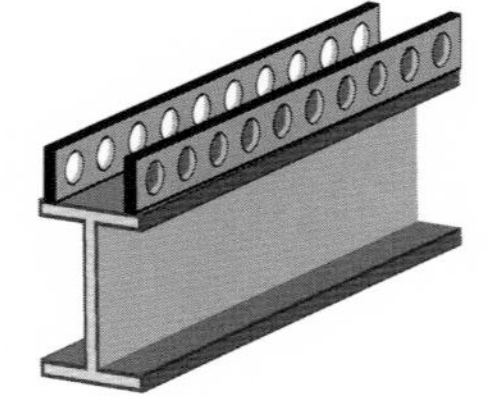

(b) 並列配置

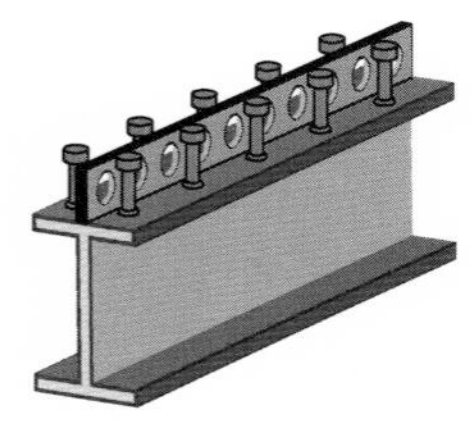

(c) スタッド併用

図3.12 合成桁における孔あき鋼板ジベルの適用例(上フランジ上面配置)

方式の下で，複数のずれ止めを使用することになる．ただし，主として施工性の要請から開発・適用されたグループスタッドでは，隣接間隔にもよるが，その一群を構成するスタッドの本数分のせん断強度を期待することは難しい．なぜならば，スタッドを密接に配置することにより，3.1.2項1)で示した単体での破壊形式を得られないためである．同様に，並列配置された孔あき鋼板ジベルや，同ジベルとスタッドの併用でも，程度の差はあるものの，配置間隔がある程度広くなければ，個々の強度を十分に発揮できないことに注意を払う必要がある．特に，図3.12 (c) のように，変形能が期待できる柔な頭付きスタッドと，変形能が十分に期待できない孔あき鋼板ジベルの併用時には，前述のように適切な径を有する貫通鉄筋を図3.12 (a) のように配置して，図3.7 (c) に示した機構 (**ダウエル効果**) により強度到達後のずれ抵抗を確保し，両者のずれ止め系のせん断強度が，それぞれの強度の和となるように配慮しなければならない．

3.2 混合構造での異種部材の接合

本節では，2.2節で紹介した各種混合構造に対応する**接合部**について次の3.2.1～3.2.5項を説明する．ただし，2.2節での出典順とは異なる．なお，合成アーチ部材の活用が大半を占める複合アーチについては割愛する．

3.2.1 はり部材とはり部材

まず，基本的で構造詳細と応力伝達機構が把握しやすい，はり部材と柱部材の接合から説明する．**図3.13**に，鋼はり部材と鉄筋コンクリート (RC) はり部材の接合形式として，**混合桁の接合部**を例示する．

図3.13 (a) に示す**エンドプレート方式**は最も簡単な形式である．PC鋼棒をエンド

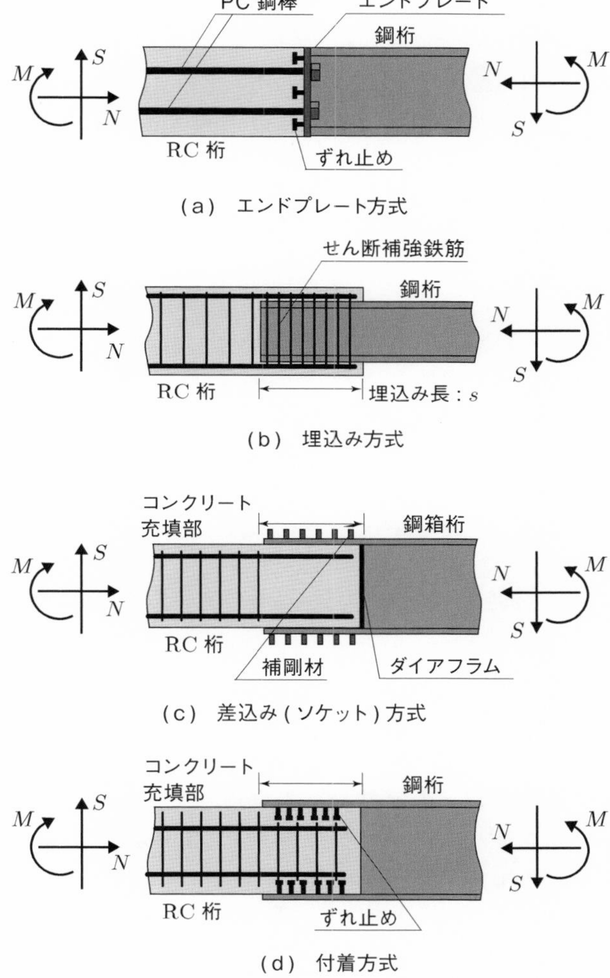

図 3.13 混合桁の接合方式 (はり部材とはり部材の接合例)

プレートで定着し，曲げモーメントと軸力をエンドプレートとコンクリートの接触面の支圧により，また，せん断力をずれ止めにより伝達させる方式で小規模の部材ではずれ止めを無視し，接触面の**摩擦力**によって，せん断力を伝達させる場合もある．

次に，図 3.13 (b) の**埋込み方式**は鋼桁を RC 材に埋込む形式である．曲げモーメントの伝達は，**図 3.14** の両部材が重なり合う区間 s に示す回転に抵抗する上下一対のてこ力 σ により，またせん断力は埋込み部のコンクリートに形成される**圧縮ストラッ**

ト (束): compressive strut(アーチ作用力ともいう) の力 F_c によって伝達される．この方式では，てこ力が十分発揮できるよう鋼桁を取り囲むせん断補強鉄筋が十分配置されていなければならない．

図 3.13 (c) **差込み方式** (または**ソケット方式**) は RC 部材と鋼管部材の接合部によく用いられる方式であり，力の伝達機構は埋込み方式と同様である．差込み部のコンクリートは強固な鋼管または鋼箱桁に包み込まれており，図 3.14 の曲げに対するてこ力が発揮でき，かつコンクリート充填部には圧縮ストラットが形成できるようダイアフラムなどが配置されている．

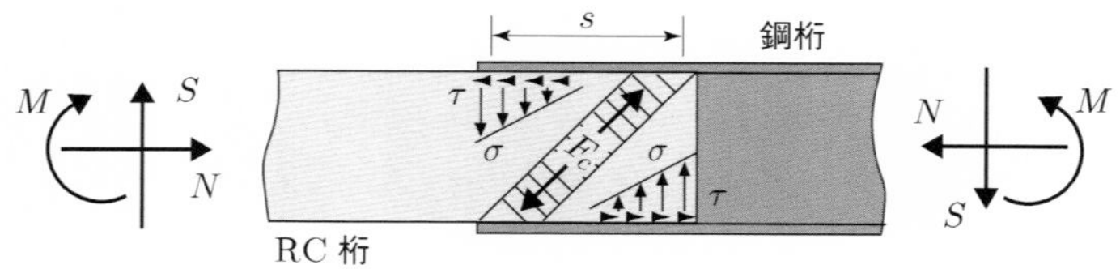

図 3.14 接合部での力の伝達機構

なお，埋込み方式，差込み方式においても，軸力の伝達のためのずれ止めが必要になるが，てこ力 σ による摩擦力を考慮すれば，ずれ止め数を減らすか，またはなくすることができる．

図 3.13 (d) の**付着方式**は，埋込み方式や差込み方式のように，てこ力を発揮させる十分な拘束鋼材が配置できない場合や，圧縮ストラットの形成に必要なダイアフラムが配置できない場合に用いられる方式である．鋼桁のフランジ力はずれ止めによって RC 桁に伝達し，かつ鋼桁ウエブのせん断力もずれ止めを介して RC 桁に伝達する．

以上のように，接合区間 s では，機械式ずれ止め，支圧，付着または摩擦，鉄筋，プレストレス力，てこ力，圧縮ストラットなどの要素によって，隣接部材からの曲げモーメント M，軸力 N およびせん断力 S の伝達が確保されている．

表 3.1 に，各接合方式における主な要素および補助的な要素の一覧を示す．表では四つの伝達方式と七つの要素に分類したが，実際の構造物ではそれらを設計・施工条件に合わせて組み合わせた方式が採用されていることはいうまでもない．その具体例として，**複合斜張橋** (図 2.15) における断面規模の大きい混合桁[42]の接合部の概略を**図 3.15** に示す．ここでは，図 3.13 (a) のエンドプレートと PC 鋼棒と，図 3.13 (d) のずれ止めの組み合わせにより，異種部材間で断面力の伝達が図られている．

表 3.1 はり部材とはり部材の各接合方式における断面積の伝達要素

複合方式 図 3.13 / 要素	a) エンドプレート			b) 埋込み			c) 差込み			d) 付　着		
	M	N	S	M	N	S	M	N	S	M	N	S
機械式ずれ止め			○				△	△		○	○	
支圧	○	○										
付着・摩擦			△	○	○		○	○				
鉄筋						○						○
プレストレス力	△	△										
てこ力	○	○					○					
圧縮ストラット									○			

注) M：曲げモーメント；N：軸力；S：せん断力；○：主要素；△：補助要素

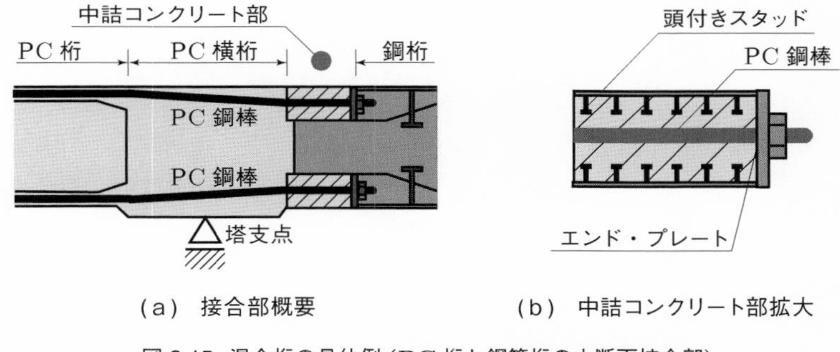

(a) 接合部概要　　(b) 中詰コンクリート部拡大

図 3.15 混合桁の具体例 (**PC** 桁と鋼箱桁の大断面接合部)

3.2.2 柱部材とはり部材

1) 鋼はりと鉄筋コンクリート柱の接合部の詳細と力の流れ

鋼はりと鉄筋コンクリート (RC) 柱の**接合部**については，2.2.1 項でも触れたが，一般に，鋼はり貫通形式と，RC 柱貫通形式に大別される．そして，最も厳しい荷重条件となるせん断作用に対し，施工性を損なわない範囲で合理的かつ十分に抵抗するように，多種多様な構造詳細 (detail) が考案され適用に至っている[43]．

まず，**図 3.16** に鋼はり貫通形式の接合部の一例を示す．図 (a) に柱部コンクリートを打設した完成系，図 (b) 柱部コンクリート打設前の骨格系，また図 (c) には接合部詳細を最も簡潔に例示している．鋼はりに付与された詳細は，鋼**支圧板**とせん断補強鉄筋である．接合部としての基本構成は，鋼はり本体の鋼腹板と，鋼支圧板とせん断補強鉄筋に囲まれた柱部コンクリートから成る．

図 3.16 と同じ書式で RC 柱貫通形式の一例を**図 3.17** に示す．この形式の詳細も多種あるが，最も簡便な一例を選んだ．RC 柱を挟んで隣接する両はりには，前例の図 3.16 (c) より大きな鋼**支圧板**が設けられ，鋼製通しボルトにより連結されている．鋼

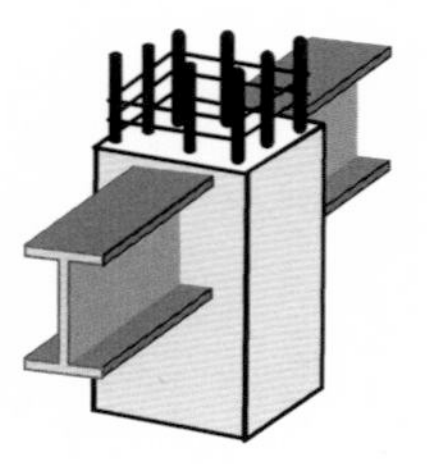

(a) 接合部完成系

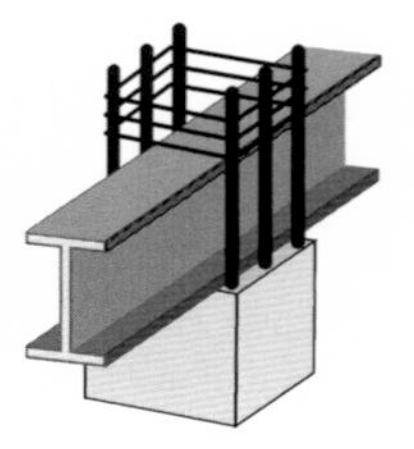

(b) 接合部骨格系：左図 (a) コンクリート打設前

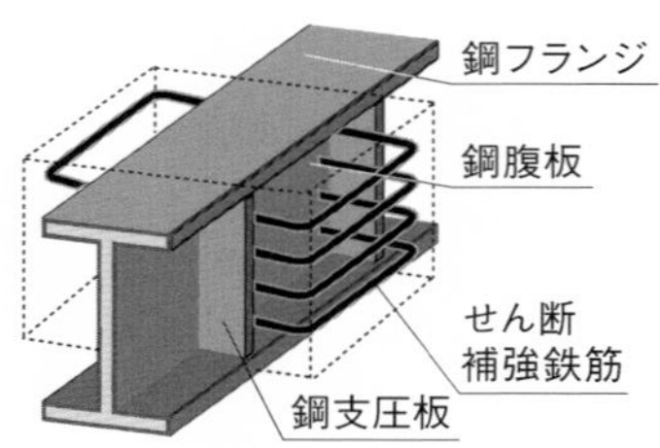

(c) 接合部の鋼はり詳細の一例 (点線は周囲のコンクリート部)

図 3.16 はり貫通形式の鋼はりと PC 柱の接合部

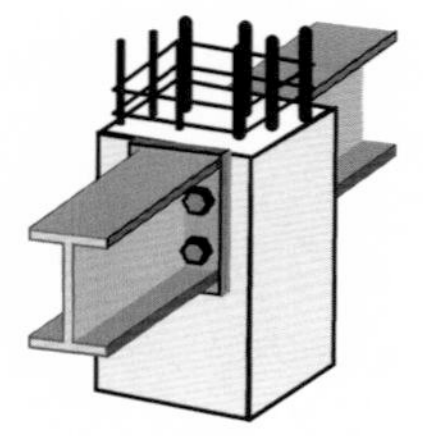

(a) 接合部完成系

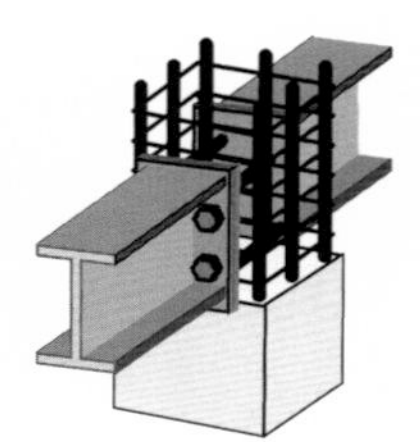

(b) 接合部骨格系：左図 (a) コンクリート打設前

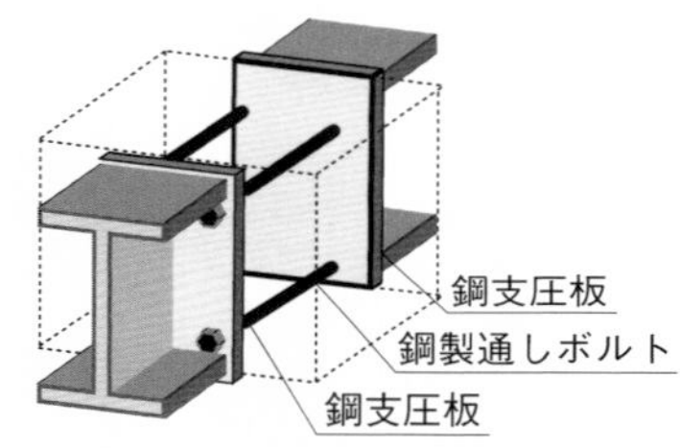

(c) 接合部の鋼はり詳細の一例 (点線は周囲のコンクリート部)

図 3.17 柱貫通形式の鋼はりと RC 柱の接合部

製通しボルトにより，隣接する鋼はりと鋼はりの間で水平力の伝達はできるが，接合部の基本構成は，鋼支圧板と柱本体のせん断補強鉄筋で囲まれたコンクリートとなる．そのため構成要素，具体的にはせん断抵抗要素の多い鋼はり貫通形式接合部が，RC 柱貫通形式のそれに比べ，考案・適用例や実験結果の蓄積が多い[43]．

さて，この分類は単に構造詳細によるものではなく，本質的には**図 3.18** に示す接合部に対して最も厳しい条件となるせん断作用を与えるときの作用力の流れ (巨視的な応力伝達機構) の相違に基づいている[43]．

鋼はり貫通形式では，RC 柱からの曲げモーメントは，貫通する鋼はりのてこ作用により，主たる力のつり合いが得られる．また，RC 柱の曲げ圧縮力 (図 3.18 中，C で示した支圧力)，RC 柱の主鉄筋の引張力 (図 3.18 中，T で表記)，さらに RC 柱のせん断力を伝達する**摩擦力** (図 3.18 中，F で表記) などを介して，RC 柱から鋼はりへ力が伝えられる．

一方，柱貫通形式では，鋼はりからの曲げモーメントは次に示す圧縮力と引張力として RC 柱に伝達される．まず圧縮力は支圧力 C として，そして引張力は左右の鋼はりを繋ぐ鋼材，たとえば図 3.17 (c) では鋼製通しボルトの張力 T として，力のつり

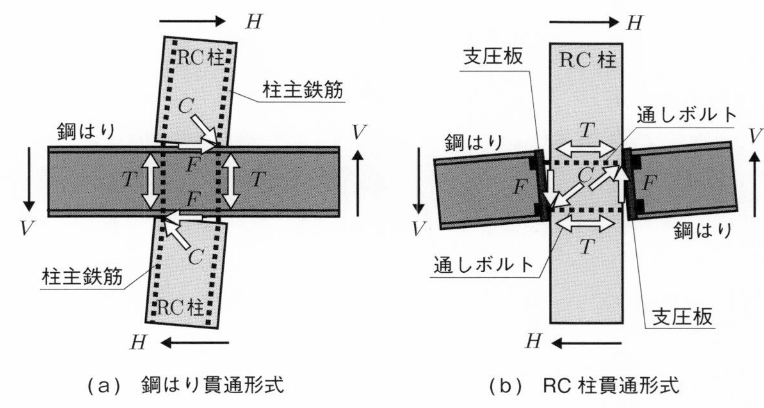

図 3.18 鋼はりと **RC** 柱との接合部での作用力の流れ

合いが得られる．

このような巨視的な作用力の流れに基づき，図 3.16 (c) に示した鋼はり貫通形式の接合部と図 3.17 (c) に示した RC 柱貫通形式の接合部の両者における応力伝達機構と抵抗要素について解説する．解説ならびに図示に際しては，接合部を上面から眺めて鋼はり上下フランジプレート (RC 柱貫通形式では鋼はりフランジプレートの延長面) に囲まれた内部領域と，その他の外部領域に二分している．

まず，図 3.16 (c) で詳細を示したような，鋼はり貫通形式の接合部の応力伝達機構を**図 3.19** に示す．図 (a) は鋼はり内部を，図 (b) は鋼はり外部と，接合部を分割している．

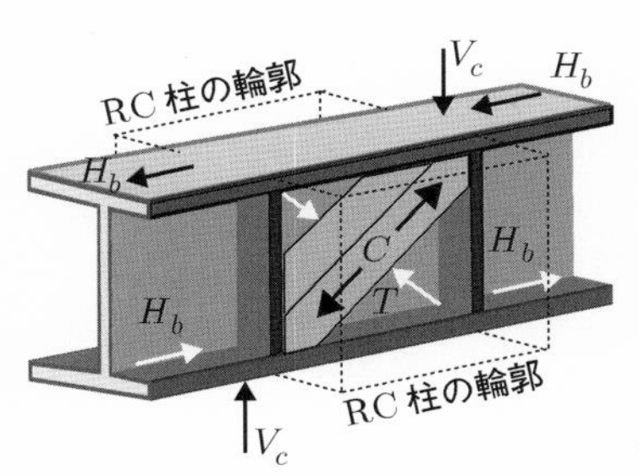

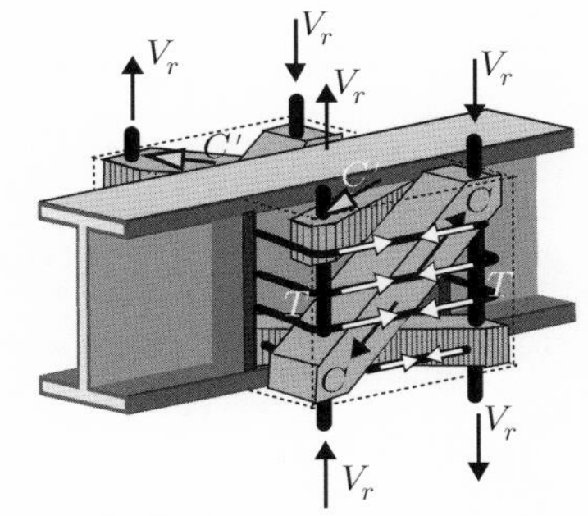

(a) 鋼はり内部；
C：コンクリートの圧縮ストラット
T：鋼腹板の斜張力場

(b) 鋼はり外部；
C：コンクリートの圧縮ストラット
T：せん断補強鉄筋の引張力

図 3.19 鋼はり貫通形式接合部の応力伝達機構

対応する全体系を示した図 3.18 (a) を参照しながら接合部に作用する外力を説明する．内部領域では，材端鉛直力 V によって発生する逆対称な鋼はりの曲げモーメントが，そのフランジプレートの水平力 H_b として，さらに柱の支圧力 C がフランジ右上と左下に鉛直力 V_c として働く．また外部領域では，材端水平力 H によって発生する逆対称な RC 柱の曲げモーメントが，主鉄筋の鉛直力 V_r として働く．それに対して，内部領域では，接合部の鋼腹板に形成される斜張力場 T と鋼腹板，上下フランジプレートならびに鋼支圧板に囲まれたコンクリートの**圧縮ストラット** C の 2 要素で抵抗する．外部領域では，内部領域同様にせん断補強鉄筋で囲まれたコンクリートの圧縮ストラット C と，せん断補強鉄筋の張力場 (T) の 2 要素で抵抗する．そして，後者 T を支持する支圧板からせん断補強鉄筋へ斜行する圧縮ストラット C' (側面を縦縞模様とし C と区別) も形成される．

一方，図 3.17 (c) の詳細を有する RC 柱貫通形式の接合部の応力伝達機構を，図 3.19 と同じ書式で**図 3.20** に示す．

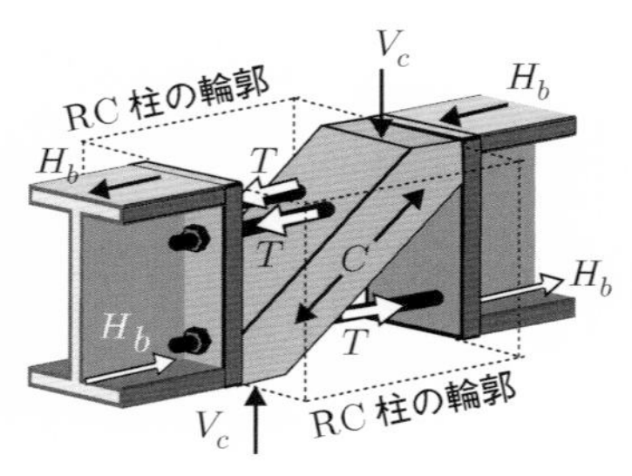

(a)　鋼はり内部；
C：コンクリートの圧縮ストラット
T：鋼製通しボルトの張力場

(b)　鋼はり外部；
C：コンクリートの圧縮ストラット
T：せん断補強鉄筋の引張力

図 3.20　**RC** 柱貫通形式接合部の応力伝達機構

作用する外力は，前述の鋼はり貫通形式とほぼ同様で，全体系を示した図 3.18 (b) の支圧力 C は，フランジプレートの水平力の圧縮成分に含まれている．内部領域の抵抗要素は，鋼支圧板を端面とするコンクリートの圧縮ストラット C と，鋼製通しボルトの張力場 T の 2 要素で抵抗する．外部領域の抵抗要素は，鋼はり貫通形式と同じである．なお，図 3.19 (b) の C' に相当する圧縮ストラットも形成されるが，図 3.20 では省略している．

接合部の構造詳細として，接合部の強度と施工性の向上の両面から，**図 3.21** に示す**ふさぎ板**が設けられる場合がある．図 3.21 のように，ふさぎ板は RC 柱外面を包み

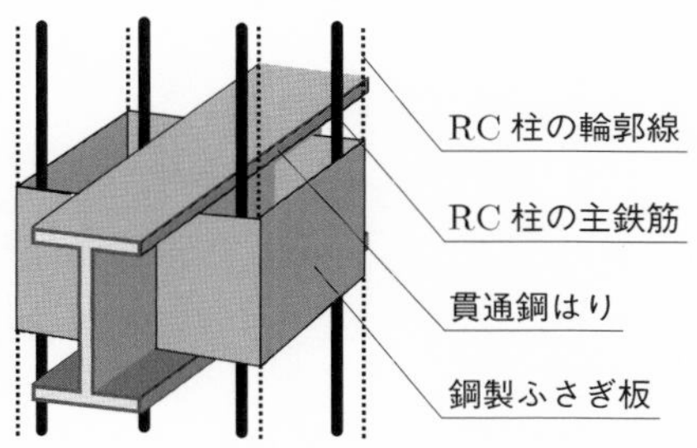

図 3.21 ふさぎ板を併用した，鋼はり貫通接合部

込むように配置され，部分的なコンクリート充填鋼管部材 (CFT: 2.1.2 項参照) ともみなせる．そのため，ふさぎ板は施工面では埋殺し型枠として機能し，また完成系の強度面では内部の RC 柱に対し，側方膨張を伴う破壊を抑制するとともに，それ自体が外力，特にせん断力に対する抵抗要素ともなり得る．

2） 鋼はりと鉄筋コンクリート柱の接合部の破壊形式

破壊形式のおもな 2 種類の模式を**図 3.22** に示す．図 (a) は接合部内のせん断破壊 (コンクリートの斜めひび割れのみを図示) を，図 (b) は接合部に接するコンクリートの支圧破壊を示している．なお，図 3.22 は図 3.18 と類似しているが，破壊の状況を把握しやすく描いただけで，RC 柱貫通形式の接合部でせん断破壊が，鋼はり貫通形式の接合部で支圧破壊が生じることを示すものでない．すなわち，いずれの接合部でも，両破壊形式が生じる．

まず，**図 3.23** (a) を用いて，接合部に作用する外力について整理してみよう．第一

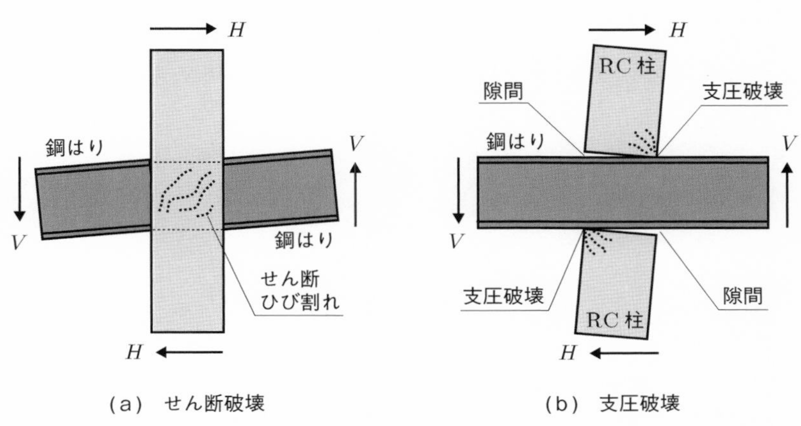

図 3.22 鋼はりと RC 柱との接合部の破壊形式

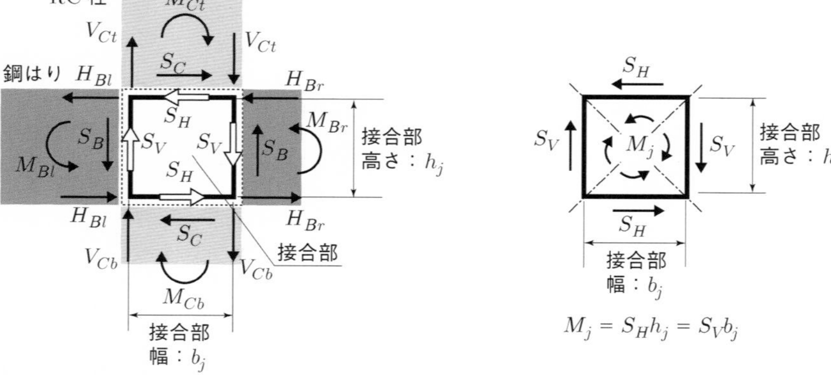

（a） 左右鋼はりと上下 RC 柱からの力 （b） 接合部のせん断力と表記

図 3.23 **S** はりと **RC** 柱の接合部に働く力

に，せん断力成分として，

① RC 柱の頂部と底部より： $S_C = H$ (3.18)

② 鋼はりの左端と右端より： $S_B = V$ (3.19)

第二に，曲げモーメントによる偶力成分として，

③ 上部の RC 柱からの M_{Ct} を接合部幅 b_j で除して： $V_{Ct} = M_{Ct}/b_j$ (3.20)

④ 下部の RC 柱からのの M_{Cb} を接合部幅 b_j で除して： $V_{Cb} = M_{Cb}/b_j$ (3.21)

⑤ 左側の鋼はりからの M_{Bl} を接合部高さ h_j で除して： $H_{Bl} = M_{Bl}/h_j$ (3.22)

⑥ 右側の鋼はりからの M_{Br} を接合部高さ h_j で除して： $H_{Br} = M_{Br}/h_j$ (3.23)

最後に，接合部に作用するせん断力は，上式の表記を用い，図 3.23(a) の接合部上端あるいは下端の水平力のつり合い，ならびに左端あるいは右端の鉛直力のつり合いより，

⑦ 接合部の水平せん断力： $$S_H = H_{Bl} + H_{Br} - S_c = \frac{M_{Bl} + M_{Br}}{h_j} - S_c \quad (3.24)$$

⑧ 接合部の鉛直せん断力： $$S_V = V_{Ct} + V_{Cb} - S_B = \frac{M_{Ct} + M_{Cb}}{b_j} - S_B \quad (3.25)$$

となる．なお，図 3.23 (b) には，上記の式 (3.24)，(3.25) の両作用せん断力の統一表記法として，

接合部まわりの作用モーメント[43]： $$M_j = S_H \times h_j = S_V \times b_j \quad (3.26)$$

を併記した．

一方，上述の十字形接合部に対し，**図 3.24** に示す上方に柱部材が存在しない T 字形接合部や，それに併せて一方のはりが存在しない L 字型接合部 (**図 3.25** 参照) など

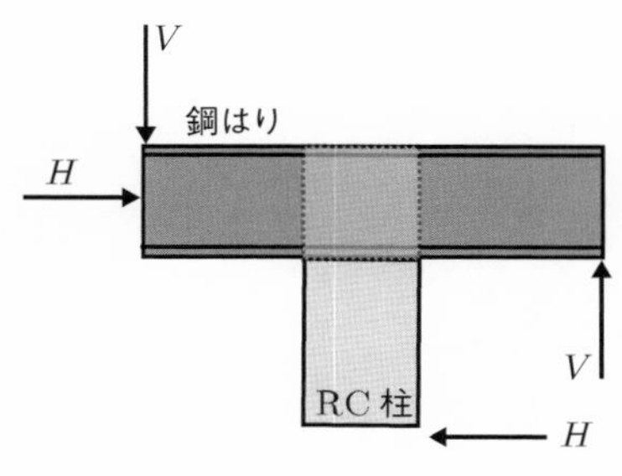

(a) はりと柱に作用する力

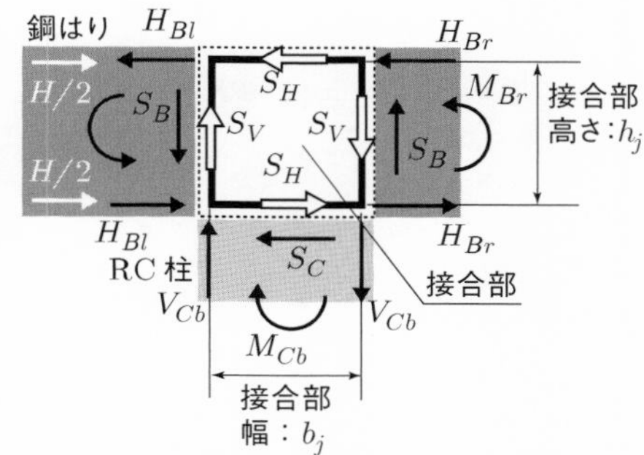

(b) 左右鋼はりと下方 RC 柱からの力

図 3.24 **S** はりと **RC** 柱の接合部に働く力 (**T** 字形)

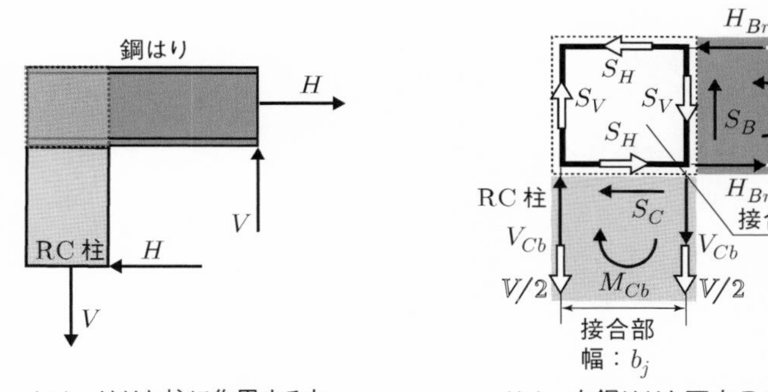

(a) はりと柱に作用する力

(b) 右鋼はりと下方 RC 柱からの力

図 3.25 **S** はりと **RC** 柱の接合部に働く力 (**L** 字形)

がある．

図 3.24 (b) と図 3.25 (b) は，図 3.23 (a) と同じ書式で描かれ，白文字・白矢印で示した力が十字形と異なる点である．具体的な施工例として，前者は後述の 3.2.4 項で述べる複合ラーメン橋での上部工である鋼桁と，下部工として径間中央部に位置する RC 橋脚との接合部に対応する．それに対して，後者は同様の構造で，上部工である鋼桁と下部工として端部に位置する RC 橋台との接合部に対応する．なお，建築構造物において，両者は，最上階部の骨組みを構成する．これらは，T 字形接合部を反時計回りに 90 度回転するため，ト字形接合部とよばれ，外壁部の骨組みを構成する．

さて，接合部のせん断耐力 S_U は，式 (3.27) のように，接合部の各構成材のせん断耐力の累加で評価できる[43]．

$$S_U = S_{WU} + S_{CU} + S_{HU} + S_{FU} \tag{3.27}$$

ここに，S_{WU}，S_{CU}，S_{HU} ならびに S_{FU} は，それぞれ，接合部の構成材である鋼はり腹板，コンクリート，せん断補強鉄筋，ならびに鋼製ふさぎ板の各せん断耐力を示す (**図 3.26** 参照).

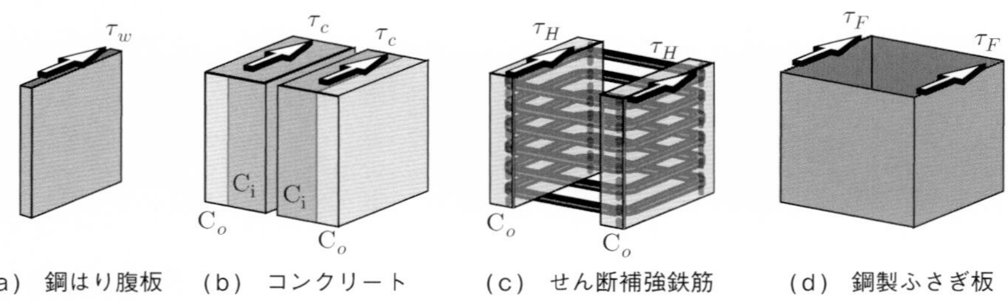

図 3.26 鋼はりと RC 柱の接合部のせん断に抵抗する構成材

図 3.26 では，コンクリートは，たとえば図 3.19 や図 3.20 で説明したように鋼はりフランジ内部と外部に分割して扱われるので，内部を C_i，外部を C_o と記し，後者は図 3.26 (c) のように，せん断補強鉄筋と一体となって作用せん断力に抵抗する．さらに，各構成材のせん断耐力を，式 (3.26) で示した接合部まわりの作用モーメント M_j を用いて再表記すれば，接合部のせん断耐力 M_{jU} は次式となる．

$$M_{jU} = \tau_{WU} V_{We} + \tau_{CU} V_{Ce} + \tau_{HU} V_{He} + \tau_{FU} V_{Fe} \tag{3.28}$$

ここに，τ_{iU} と V_{ie} はそれぞれ各構成材の**平均せん断強度**と**有効体積**を示し，両者の第 1 下添え字 (i) は，$i = W, C, H$ ならびに F を与え，式 (3.27) と同様に，それぞれ，鋼はり腹板，コンクリート，せん断補強鉄筋，ならびに鋼製ふさぎ板の項を示す．

接合部のせん断破壊に関する安全性の検討では，式 (3.26) に示した，作用モーメント M_j と上記のせん断耐力 M_{jU} を用いて，次の関係を照査することになる．

$$M_{jU} > M_j \tag{3.29}$$

ただし，これら 4 構成材の平均せん断強度と有効体積の評価については，接合部の詳細と深く関与し，種々の提案式が存在する[43]．その中で，式 (3.28) に対応する接合部のせん断耐力算定における下限式を，次式のように紹介する[43]．

$$M_{jU} = 0.8 \times \left\{ (\tau_{CU} + p_H f_{Hy}) \times V_{Ce} + 1.2 \times \frac{f_{wy}}{\sqrt{3}} \times V_{We} \right\} \tag{3.30}$$

$$\left.\begin{aligned} \tau_{CU} &= \min\left(0.12 f_{cd},\ 1.8 + \frac{3.6}{100} f_{cd}\right) \times \delta_J \\ V_{Ce} &= \frac{b_C}{2} \times h_j \times b_j \\ V_{We} &= t_W \times h_j \times b_j \end{aligned}\right\} \tag{3.31}$$

ここに，右辺の乗数の 0.8 は低減係数であり，f_{cd}，τ_{CU}，f_{Hy} および f_{wy} はそれぞれ，コンクリートの設計基準強度とせん断強度，せん断補強鉄筋と鋼腹板の各降伏応力 (すべての単位系は $\mathrm{N/mm^2}$) を示す．また，式 (3.31) に示した V_{Ce} と V_{We} は，それぞれ，コンクリートと鋼腹板の有効体積を，b_C と t_w は，それぞれ，RC 柱奥行き幅 (図 3.27 参照) と鋼腹板厚を示す．そして，h_j と b_j は，それぞれ，図 3.23 に示した接合部の高さと幅，具体的には前者は鋼はりフランジの重心間距離に，一方，後者は左右両端の主鉄筋の間隔に相当する．さらに，δ_J は接合部の形状にて定められる係数で，周囲の拘束度，いわゆるコンファインド効果によりコンクリートのせん断強度が上昇することに配慮した係数であり，具体的には十字型で 3.0，ト型と T 型で 2.0，そして，L 型で 1.0 と与えられる．最後に，p_H はせん断補強鉄筋比は以下の式で表せる．

$$p_H = \frac{A_H}{b_c \times s_H} \tag{3.32}$$

ここに，A_H，b_C および s_H はそれぞれ，せん断補強鉄筋断面積，柱幅およびせん断補強鉄筋配置間隔を示す．

いま，式 (3.28) と低減係数 0.8 を考慮した式 (3.30) を対比すれば，まず，コンクリートの有効体積 V_{Ce} は接合部体積の半分で，図 3.19 と図 3.20 に示した圧縮ストラットの体積に相当するとみなせる．次に，鋼腹板の平均せん断強度 τ_{WU} は，せん断降伏応力である $f_{wy}/\sqrt{3}$ に，ひずみ硬化などを考慮した 1.2 倍の値を与え，有効体積 V_{We} はほぼ純体積となる．さらに，せん断補強鉄筋の平均せん断強度 τ_{HU} は，鉄筋の降伏応力にせん断鉄筋比を乗じた $p_H f_{Hy}$ で，対応する有効体積 V_{He} は，前述のコンクリートの有効体積と同一である．なお，ふさぎ板が配置される場合には，接合詳細にも依存するが，鋼はりからの水平力が十分にふさぎ板に伝達されるならば，下限式内の鋼腹板とほぼ同様に 1.2 倍のせん断降伏応力 τ_{FU} とせん断方向 2 面分の純体積 V_{Fe} の積なるせん断抵抗 M_{jFU} は次式のように与えられる[43]．

$$M_{jFU} = \tau_{FU} \times V_{Fe} = 1.2 \frac{f_{Fy}}{\sqrt{3}} \times 2 t_F h_j b_j \tag{3.33}$$

ここに，f_{Fy} と t_F はそれぞれふさぎ板の降伏応力と板厚を示し，式 (3.28) と (3.30) に準じて表記している．

次に，図 3.22 (b) に示した支圧破壊について述べる．図 3.18 (a) の鋼はり貫通形式接合部の作用力の流れの中にて，C で示した支圧力を，**図 3.27** に示すように等価な応力ブロック，すなわち支圧応力 σ_{br} × 支圧面の分布幅 d_{br} × 支圧面の奥行き幅 b_{br} でモデル化する．これにより，上記の支圧力 C_{br} は，次式，すなわち上記応力ブロックの体積で与えられる．

$$C_{br} = \sigma_{br} \times d_{br} \times b_{br} \tag{3.34}$$

したがって，接合部の**支圧強度**は，次式の接合部まわりのモーメント M_{br}，すなわち上記の支圧力とモーメントアームの積で表記でき，次式のようになる．

$$M_{br} = C_{br} \times (d_C - d_{br}) \tag{3.35}$$

前述の接合部のせん断破壊の検討で示した式 (3.29) と同様に，接合部まわりの作用モーメント M_j との対比により，接合部の支圧破壊に関する安全性の検討を行う．

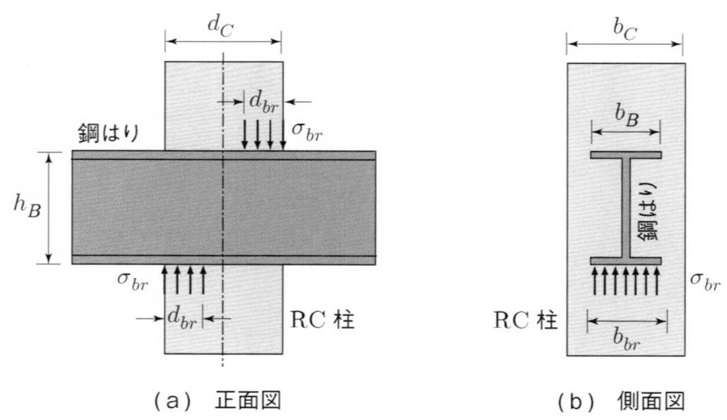

図 3.27 鋼はり貫通形式接合部の支圧応力ブロック

ここで，上式の C_{br} を定義する式 (3.33) の三因子は，種々の構造詳細を具備した数々の鋼はり貫通形式接合部の実験的事実に基づき決定され，三因子の定量的な評価式が多種存在する[43]．その一例として，西村・南の提案式[44]を次式に示す．

$$\left.\begin{array}{ll} \bigcirc\text{支圧応力強度：} & \sigma_{br} = 1.5 f'_c \\ \bigcirc\text{支圧応力分布幅：} & d_{br} = \dfrac{d_C}{2} \\ \bigcirc\text{支圧応力分布奥行き幅：} & b_{br} = b_B \end{array}\right\} \tag{3.36}$$

ここに，f'_c はコンクリートの圧縮強度を示す．すなわち，支圧応力は圧縮強度の 1.5 倍，支圧面の分布幅は柱の半幅，そして奥行き幅は鋼はりのフランジ全幅としている．

3) 鋼はりと鉄骨鉄筋コンクリートまたはコンクリート充填鋼管柱の接合部

図 3.28 に，鋼はりと合成柱すなわち鉄骨鉄筋コンクリート柱あるいはコンクリート充填鋼管柱の接合部の詳細の一例を示す．

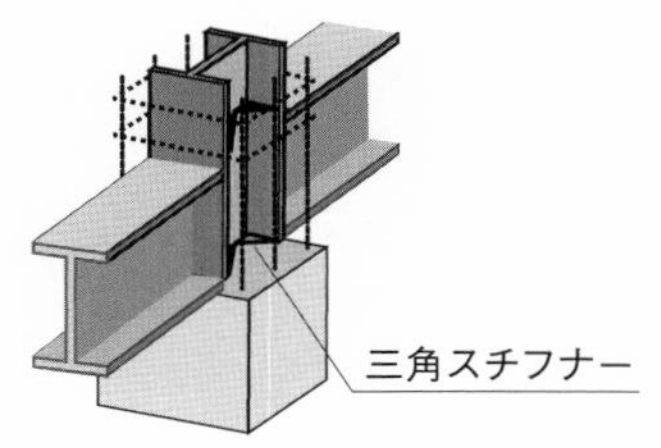

(a) SRC 柱と鋼はり接合部

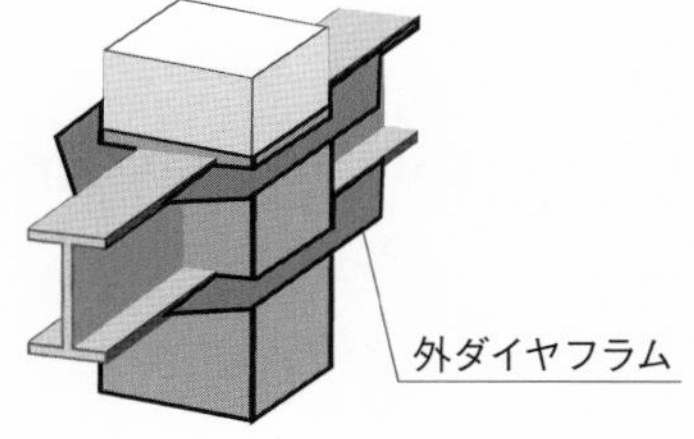

(b) 角形 CFT 柱と鋼はり接合部

図 3.28 **SRC** ならびに **CFT** 柱と鋼はりの接合部の詳細例

まず，図 3.28 (a) に示す鉄骨鉄筋コンクリート柱では，柱内蔵の鉄骨に鋼はりからの力を円滑に接合部に伝達されるように，鋼はり上下フランジ位置に計 4 枚の水平三角スチフナー (補剛鋼材) が配置されている．コンクリートの充填性を重視する場合には，水平スチフナーに代わって鉛直方向スチフナーが配置される場合もある．なお，この形式の接合部のせん断耐力は，式 (3.30) に示した鋼はりと鉄筋コンクリート柱の接合部のせん断耐力評価式度と同様な形式で評価される[45]．

次に，図 3.28 (b) に示すコンクリート充填鋼管柱では，図 3.28 (a) 同様に，鋼はりからの力を円滑に接合部に伝達されるように，鋼はり上下フランジ位置に 1 対の外ダイアフラム (スチフナーリング：環状鋼補剛材ともよばれる) が鋼管の外周に配置されている．ダイアフラムは外周と内周を含む通しダイアフラムや，内周のみの内ダイアフラムも用途に応じて用いられる．なお，この形式の接合部のせん断耐力は，図 3.28 (a) と同じ，すなわち，接合部における鋼管と充填コンクリートの各せん断耐力の累加式で評価される[46]．

3.2.3 柱部材と基礎躯体

図 3.29 に典型的な鋼またはコンクリート充填鋼管 (CFT) 柱部材と鉄筋コンクリート (RC) **基礎躯体**との接合部を例示する．2.2.3 項で概要を紹介したように，接合形式は，柱部材が基礎躯体に挿入されない面接合，すなわち非埋込み方式接合 (図 3.29(a)) と，柱部材が基礎躯体に挿入される埋込み方式接合 (図 3.29(b)，(c)) に大別される．

本節冒頭に示した，はり部材とはり部材の接合を参照すると，図 3.29 (a) の非埋込み方式接合部[47]は，鋼また CFT 柱部材と RC 基礎躯体の接合面にエンドプレートを

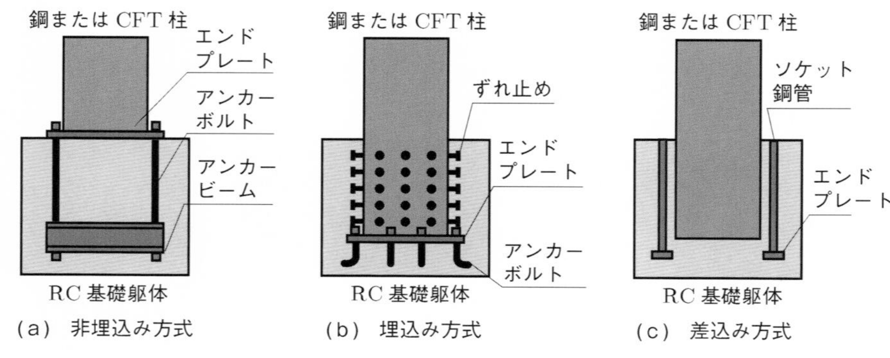

図 3.29 柱部材と基礎躯体の接合部の例

設け，アンカーボルトで定着されており，はり部材とはり部材の接合部の一形式である図 3.13 (a) の**エンドプレート方式**に類似する．ただし，アンカーボルトの定着長さが，施工面の要請から十分に延長できない場合もあり，図 (a) のように剛なアンカービームまたはフレームを基礎躯体内部に埋設し，アンカーボルト端と連結することにより定着を確保する事例もある．

次に，図 3.29 (b) の**埋込み方式**[48]は，ずれ止めの使用の観点から見れば，はり部材とはり部材の接合方式における**付着方式**に類似する．ただし，応力伝達機構的には，主たる作用である柱部からの軸圧縮力にはエンドプレートの支圧作用で，一方，水平力には埋込まれた柱側面と基礎躯体の接合面でのてこ反力，すなわち支圧作用で抵抗する点からは，はり部材とはり部材の接合方式における埋込み方式 (図 3.29 (b) 参照) に相当する．

最後に，外観上，埋込み方式と見なせる図 3.29 (c) の**差込み方式**[49]は，躯体基礎内に埋設されたソケット (さや) 鋼管に柱を挿入し，柱と鋼管の隙間をコンクリートで充填する形式であり，はり部材とはり部材の接合部の同形式 (図 3.13 (c) 参照) と必要な構造詳細や応力伝達機構も同一である．都市部のような限られた空間における施工性の良さ，アンカーボルトやずれ止めなどの詳細を必要としない簡便性などを利点とする．

3.2.4 複合ラーメン橋の接合部

鋼 2 主桁上部工と RC 橋脚を剛結した典型的な複合ラーメン橋の接合部[50] の概念図を**図 3.30** に示す．接合部の主桁間には，一般径間に配置される横桁と同様に，RC 橋脚の外縁位置に一対の横桁が設けられ，2 主桁と 2 横桁により接合部の輪郭が与えられる．この空間に橋脚部からのコンクリートが充填され，基本的な接合部が構成さ

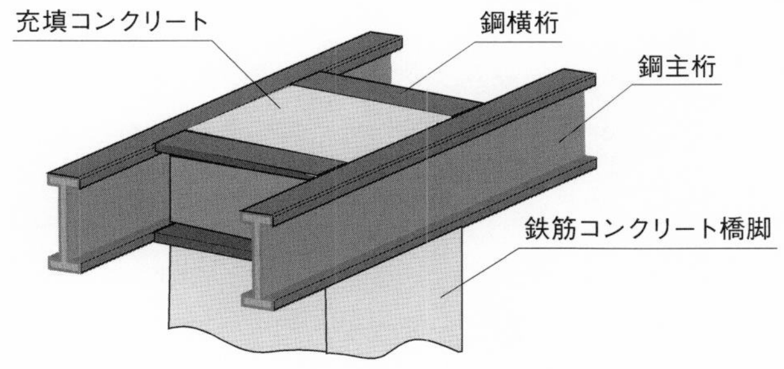

図 3.30 鋼 **2** 主桁複合ラーメン橋の概念図

れる．接合部の最小要素構成は，2.1.2 項の**コンクリート充填鋼管**部材，あるいは 3.2.2 項 1) の鋼はりと鉄筋コンクリート柱接合部のふさぎ板 (図 3.21 参照) を与えた場合に類似する．

ただし，建築物の標準的な断面寸法に比べ，ここで説明する複合ラーメン橋の寸法規模はかなり大きく，接合部の応力伝達を確保する構造詳細もおのずと異なってくる．具体的には，接合部の外周である 2 本の主桁と 2 本の横桁からなる鋼殻の剛性と充填されるコンクリートの剛性の比が小さい場合，鋼からコンクリートへの応力の伝達が鋼殻のみでは十分に行き届かないことがある．したがって，せん断作用によって抵抗要素となる図 3.19 と図 3.20 に示したようなコンクリートの圧縮ストラットが十分に形成できるように，鋼殻内部に付加的なせん断補強鋼板としての隔壁や，ずれ止め，さらにはコンクリート橋脚本体部への定着鋼材などを配置する必要がある．また，3.2.2 項 b) で示した鋼とコンクリートの接合部の偶角部での支圧破壊 (図 3.22 (b) 参照) に対する配慮も必要となる．

さて，図 3.30 に示した 2 主桁ラーメン橋の接合部における詳細について，**図 3.31**

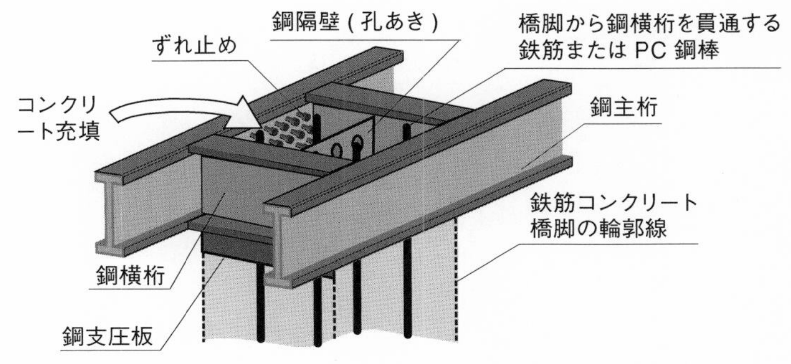

図 3.31 鋼 **2** 主桁複合ラーメン橋の接合部における鋼要素の詳細例

を用いて説明する.

第一に，両横桁中央に直交配置された鋼隔壁は，2主桁と2横桁で構成される鋼外殻の剛性を向上させるとともに，せん断抵抗材として機能する．また，隔壁上にずれ止め (ここでは 3.1.2 項 b)) で示した孔あき鋼板ジベルと同様に円孔を設けた場合を例示)，を付与すれば，横桁からの作用力をより確実に RC 橋脚に伝達できる.

第二に，主桁や横桁の腹板の内側面に配置される頭付きスタッドなどのずれ止めは，各桁の下フランジの支圧作用に加えて，腹板からの作用力をせん断力として充填コンクリートに伝達する.

第三に，定着鋼材としては，橋脚から延長した主鉄筋または PC 鋼棒を，横桁フランジを貫通させて配置し，桁部すなわち上部工と下部工である RC 橋脚の一体化を図っている.

最後に，桁と橋脚の偶角部には応力集中による支圧破壊を防止するための剛な**鋼支圧板** (スカートプレートともよばれる) を配置することもある.

次に，上述の開断面鋼桁と同様に，鋼箱桁に対しても，RC 橋脚との一体化がなされた複合ラーメン橋がある．ここでは，典型的な 3 形式[51]として，**図 3.32** (a) 鋼製柱形式，(b) 鉄筋定着形式ならびに (c) 下フランジ支圧板形式について紹介する.

まず，図 3.32 (a) のような単箱桁で適用例[52]がある鋼製柱形式は，箱桁下フランジに溶接された鋼製柱を RC 橋脚に埋め込んだものである．箱桁の断面力は，鋼製柱の支圧と，鋼製柱の側面に配置されたずれ止めのせん断力として，RC 橋脚に伝達される.

図 3.32 (b) のような 2 主箱桁で適用例[53]がある鉄筋定着形式は，前述の開断面 2 主桁と RC 橋脚の接合と同様に，両箱桁間を連結する 2 横桁を，RC 橋脚を挟み込むように配置し，その下フランジに RC 橋脚の主鉄筋を貫通させ，その後，コンクリートを充填することにより定着を図るものである.

最後に，図 3.32 (c) のような多室箱桁にて適用例[54]がある下フランジ支圧板形式は，箱桁の下フランジを切り欠いて，接合部に隣接する箱桁の下フランジ面に鋼支圧板を取り付けたものである．加えて接合部内では箱桁の各腹板が貫通し，それに直交する隔壁が設けられ，箱桁上フランジをあわせて閉空間を構成している．箱桁下フランジからの力は，鋼支圧板を介して RC 橋脚に伝達され，その他の力は腹板や隔壁に配置されたずれ止めを介して RC 橋脚に伝達される．他の複合ラーメンと比較して特徴的な点は，切り欠き部を除き多室箱桁内部は閉空間であり，空気孔を適宜設けた上で，流動性の高いコンクリートを充填する必要があることがあげられる.

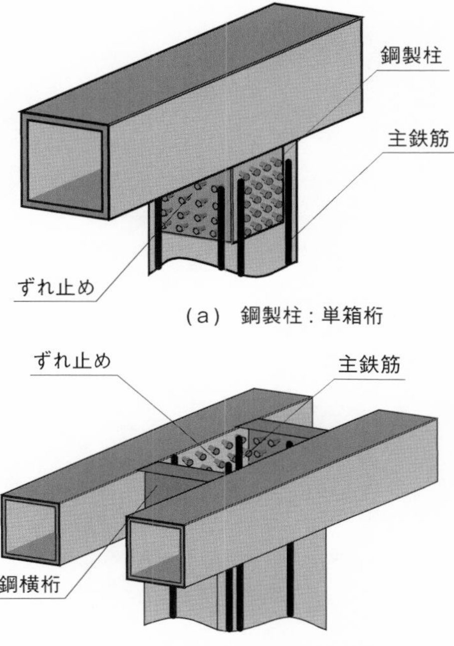

(a) 鋼製柱：単箱桁

(b) 鉄筋定着：2 主箱桁

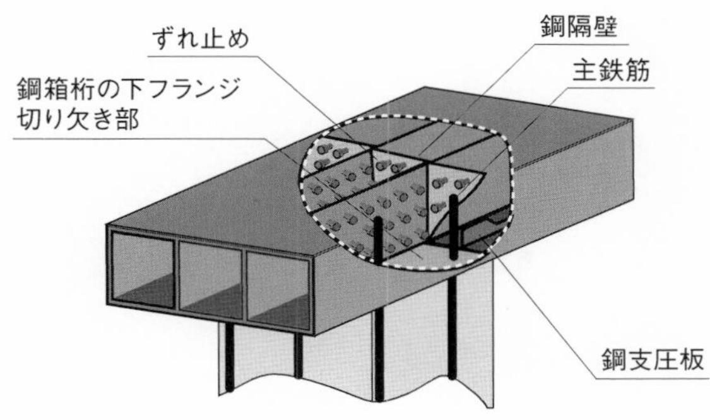

(c) 下フランジ支圧板：多室箱桁

図 3.32 鋼箱桁複合ラーメン橋の接合部の形式概要

3.2.5 複合トラス橋の接合部

複合トラス橋の接合部とは，鋼トラス材どうしの交点が上下の PC 床版と接する，あるいは埋込まれる格点部を指し，この部分において上下の PC 床版と鋼トラス材との間で作用力の伝達がなされる．開発当初の欧州の複合トラス橋として，**図 3.33** に

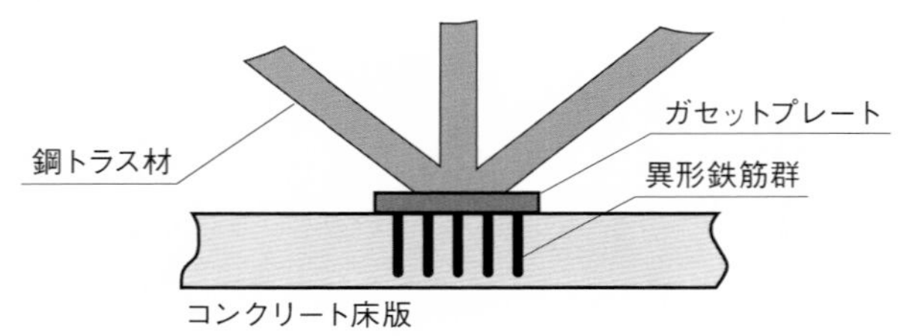

図 3.33 開発当初の欧州の複合トラス橋の格点構造の例 (アルボア橋)

示す1984年竣工のフランスのアルボア橋を例にとれば，この様な鋼トラスの交点上にガセット・プレートを直交配置し，その裏面に配置した異形鉄筋群によって上下のPC床版との一体化が図られていた[55]．ただし，応力伝達特性はもとより，美観上や維持管理上の観点から種々の検討がなされ今日に至っている．そのため，多様な格点構造の提案や適用がある[55]が，ここでは，その一例として**図 3.34** に示す埋込み型式の**格点構造**[56]について概述する．

まず，図 3.34 (a) に示す二重管格点構造とは，鋼管トラスどうしを直接連結することなく，その外面に突起を設けた上で，両面に突起を設けた孔あき外鋼管に挿入し，外鋼管同志を連結プレートで繋いだ構造である．このような挿入方式を導入することにより施工誤差の吸収が容易となるのが特徴である．次に，図 3.34 (b) に示す2面ガセット格点構造では，トラス材の前後両面に2枚の孔あきガセットプレートを沿わせて格点を構成し，各孔には3.1.2項 b) で示した孔あき鋼板ジベルと同様に貫通鉄筋を配置している．前者に比べ，付与された鋼要素の剛性が高く，トラス材からの高い軸力を伝達するのに適しており，支点部近傍などに用いられている．

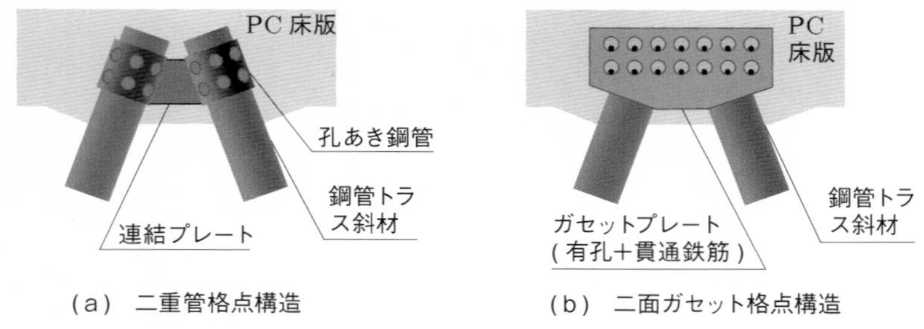

図 3.34 複合トラス橋の接合部 (鋼斜材と PC 床版)

鋼とコンクリートの材料特性

本章では，合成部材や混合構造の構成材料である鋼とコンクリートの部材ならびに構造系の強度や変形などの力学的特性を支配する鋼とコンクリートの各材料特性[57]について，その要点を明示し，**5** 章で説明する複合構造の理論展開や強度算定などの基礎とする．なお，両材料の組み合わせによってもたらされる相互効果 (**interaction**) については **5** 章で解説する．

4.1 鋼の材料特性

4.1.1 応力－ひずみ関係

鋼の基本的材料特性を調べる 1 軸引張試験より得られる，引張応力 σ と対応する引張ひずみ ε との関係の典型例を**図 4.1** の (a) と (b) に示す．図 4.1 (a) は，SS400 材などの軟鋼の例である．引張応力を増加させていくと，**降伏応力** (yielding stress: f_{sy}) に至るまでは，応力とひずみは各種鋼固有のヤング係数 (Young's modulus：E) によって記述される $\sigma = E\varepsilon$ なる線形関係を呈する．この点を超えると，ひずみ硬化開始点に至るまで，降伏応力を保持してひずみは流動する．この区間を降伏棚とよぶ．その後は破断点に向かって，応力とひずみがともに増加し，極限強度 (ultimate strength：f_{su}) に到達し，若干の伸びを伴って応力低下し破断する (図中 × 印参照)．一方，図 4.1 (b) は，SM490 材や PC 鋼材などの高張力鋼の例である．軟鋼と違い降伏現象が明瞭でなく，一般に残留ひずみ (residual strain：ε_r) が 0.2 % となる応力を降伏応力と見なす．

このような関係を，鋼部材または構造の設計あるいは数値解析にて用いるために簡易化した 2 種の慣用モデルを図 4.1 (c) に示す．まず，実線表示は，ヤング係数と降伏応力の二つの材料パラメータ (材料定数) で規定した完全弾塑性モデル (図 4.1 (c) 中①) であり，降伏応力に到達以降は無制限に塑性ひずみが増加すると仮定する．一方，波線表示は，降伏応力到達後は破断点へと硬化する，いわゆる硬化弾塑性モデル (図 4.1 (c) 中②) であり，前者が 2 パラメータで規定するのに対して，さらに硬化係数

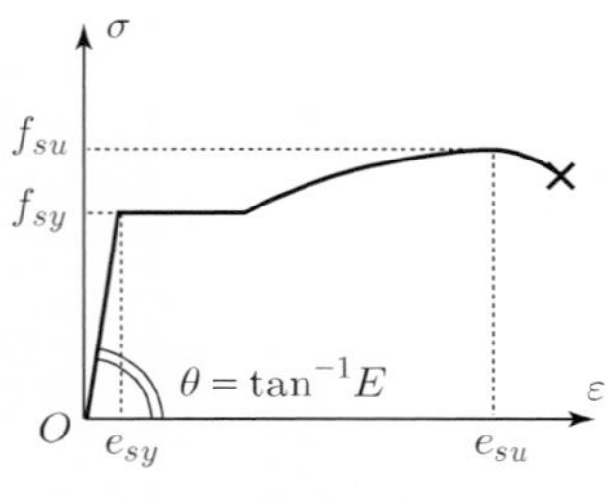

(a) 1軸引張試験結果
(軟鋼：SS400材など)

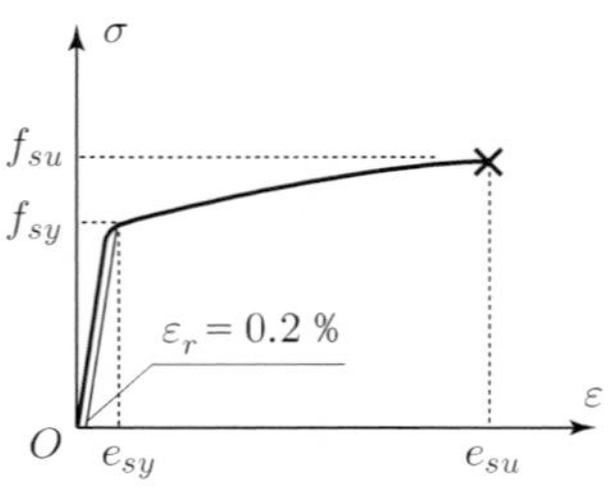

(b) 1軸引張試験結果
(高張力鋼：SM490材など)

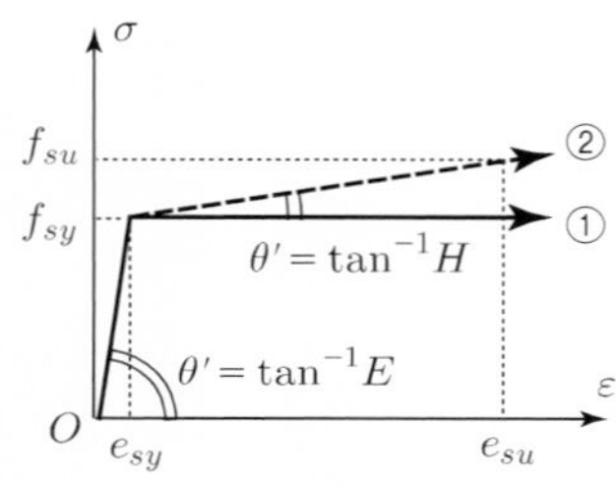

(c) 上記(a)(b)の簡易モデル

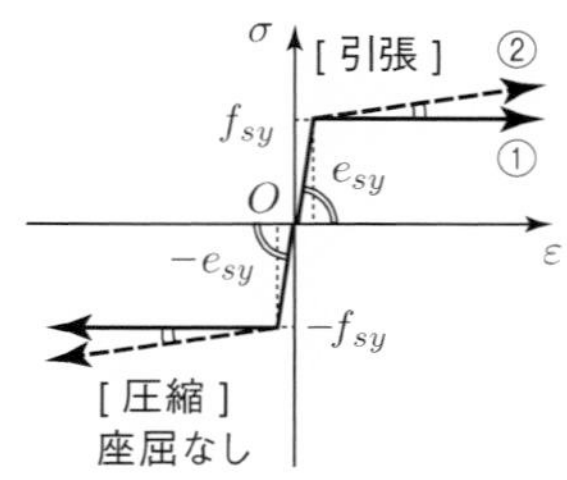

(d) 左記(c)の圧縮域への拡張

図4.1 鋼材の応力－ひずみ関係とそのモデル化

(hardening coefficient：H) すなわち降伏応力到達後の傾きを加えた3パラメータモデルとなる．なお，両者とも二つの直線にて構成されることより2直線モデル (bi-linear model) ともよばれる．

両者以外にも，用途に応じて種々のモデルが提案されている．なお，圧縮特性は，座屈現象を考慮しなければ，上述の引張特性の逆対称挙動として取り扱える．そのとき，全挙動は図4.1 (d) のような3直線モデル (tri-linear model) へと拡張される．

4.1.2 多軸応力状態

ここでは，前項で示した鋼の1軸応力状態の降伏応力 (f_{sy}) に相当する，鋼の多軸応力状態での降伏曲線と曲面，すなわち，より一般化された降伏条件ついて説明する．

多軸応力状態での降伏条件は，**図4.2** に示す任意に設定した O–x–y–z 直交座標系での応力6成分 (σ_x，σ_y，σ_z，τ_{xy}，τ_{yz}，τ_{zx}) で表示されるが，ここでは表記の簡潔化のために，それを原点 O 周りに x–y–z の3軸をそれぞれ回転して得られるせん断応力のない座標系，すなわち主軸 O–1–2–3 直交座標系での応力3成分 (σ_1，σ_2，σ_3) に基づいた**主応力**空間で表現する．そのために，本節では前半にて主応力について述べ，

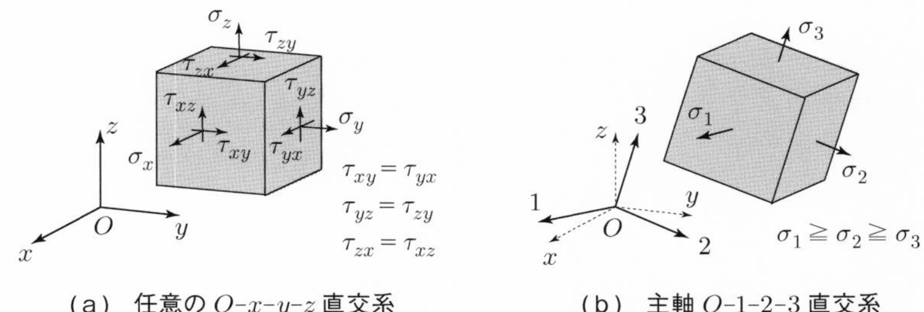

(a) 任意の O-x-y-z 直交系　　(b) 主軸 O-1-2-3 直交系

図 4.2 応力の表記

後半では，前半の内容を基礎に鋼の降伏曲線と降伏曲面の代表例である von Mises の条件について紹介する．

1) 主応力

さて，**主応力** σ，すなわち成分 $(\sigma_1,\ \sigma_2,\ \sigma_3)$ と主軸方向 $(n_1,\ n_2,\ n_3)$ は，任意の O–x–y–z 直交座標系での応力に対し，次式により決定できる．

$$\begin{bmatrix} \sigma_x - \sigma & \tau_{xy} & \tau_{xz} \\ \tau_{xy} & \sigma_y - \sigma & \tau_{yz} \\ \tau_{xz} & \tau_{yz} & \sigma_z - \sigma \end{bmatrix} \begin{bmatrix} n_1 \\ n_2 \\ n_3 \end{bmatrix} = \begin{bmatrix} 0 \\ 0 \\ 0 \end{bmatrix} \tag{4.1}$$

ご覧のように，この式は主応力を固有値，主軸方向を固有ベクトルとした，固有方程式である．ここで，固有ベクトルが非零の解をもつためには，周知のように式 (4.1) の係数行列式が次の条件を満たさなければならない．

$$\begin{vmatrix} \sigma_x - \sigma & \tau_{xy} & \tau_{xz} \\ \tau_{xy} & \sigma_y - \sigma & \tau_{yz} \\ \tau_{xz} & \tau_{yz} & \sigma_z - \sigma \end{vmatrix} = 0 \tag{4.2}$$

上式を展開すると，主応力 3 成分に相当する 3 実根をもつ，σ に関する次の特性方程式が得られる．

$$\sigma^3 - I_1\sigma^2 + I_2\sigma - I_3 = 0 \tag{4.3}$$

ここに，各係数 I_1，I_2 ならびに I_3 は，座標系に依存しない**不変量** (invariant) で，順に応力の第 1，第 2 ならびに第 3 不変量とよばれる．各不変量と，任意の O–x–y–z 座標系と主軸 O–1–2–3 座標系での両応力の関係は以下の通りである．

$$I_1 = \sigma_x + \sigma_y + \sigma_z = \sigma_1 + \sigma_2 + \sigma_3 \tag{4.4}$$

$$I_2 = (\sigma_x\sigma_y + \sigma_y\sigma_z + \sigma_z\sigma_x) - \tau_{xy}^2 - \tau_{yz}^2 - \tau_{zx}^2$$

$$= (\sigma_1\sigma_2 + \sigma_2\sigma_3 + \sigma_3\sigma_1) \tag{4.5}$$

$$I_3 = \begin{vmatrix} \sigma_x & \tau_{xy} & \tau_{xz} \\ \tau_{xy} & \sigma_y & \tau_{yz} \\ \tau_{xz} & \tau_{yz} & \sigma_z \end{vmatrix} = \sigma_1\sigma_2\sigma_3 \tag{4.6}$$

ところで，**図 4.3** に作用応力と変形の概念を示す．応力は，図 (a) のように体積を保ったままで形状が歪む『形状変形』と図 (b) のように相似形状を保ったままで体積が収縮または膨張する『体積変化』の各変形に寄与する 2 成分に分解できる．数式で表現すると次式のようになる．

$$\begin{bmatrix} \sigma_x & \tau_{xy} & \tau_{xz} \\ \tau_{xy} & \sigma_y & \tau_{yz} \\ \tau_{xz} & \tau_{yx} & \sigma_z \end{bmatrix} = \begin{bmatrix} s_x & \tau_{xy} & \tau_{xz} \\ \tau_{xy} & s_y & \tau_{yz} \\ \tau_{xz} & \tau_{yx} & s_z \end{bmatrix} + \begin{bmatrix} \sigma_m & 0 & 0 \\ 0 & \sigma_m & 0 \\ 0 & 0 & \sigma_m \end{bmatrix} \tag{4.7}$$

上式のように，左辺の応力は，右辺第 1 項の偏差応力と同第 2 項の平均応力の二者に分解できる．右辺の第 1 項が図 4.3 (b) の『形状変形』に，第 2 項は図 4.3 (a) の『体積変化』にそれぞれ対応する．図と式からわかるように，**偏差応力** (deviatoric stress) は純せん断状態を，**平均応力** (mean stress) は等方均一な圧縮あるいは引張状態を表す．なお，平均応力 (σ_m) は静水圧応力 (hydrostatic stress) ともよばれ，次式のように式 (4.4) の応力の第 1 不変量 (I_1) と関係づけられる．

$$\sigma_m = \frac{\sigma_x + \sigma_y + \sigma_z}{3} = \frac{I_1}{3} \tag{4.8}$$

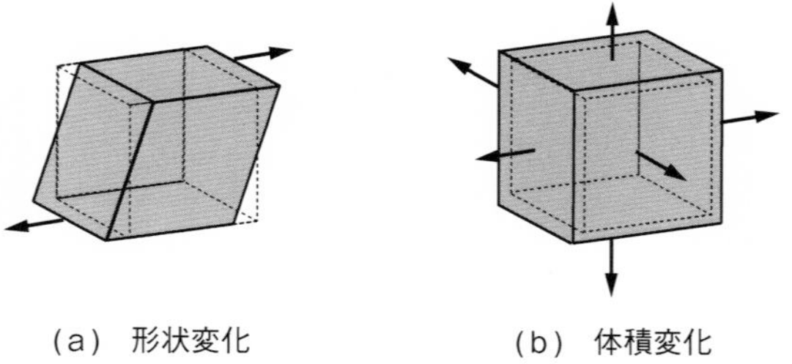

(a) 形状変化　　(b) 体積変化

図 4.3 体積変化と形状変化

一方，偏差応力に対して式 (4.1) から式 (4.6) と同じ手法で，その不変量を求める．まず，主偏差応力 (s) に関する特性方程式は次式で求める．

$$s^3 - J_1 s^2 - J_2 s - J_3 = 0 \tag{4.9}$$

ここに，各係数 J_1，J_2 ならびに J_3 は，座標系に依存しない値で，順に偏差応力の第

1，第 2 ならびに第 3 不変量とよばれる．各不変量と主偏差応力成分 $(s_1,\ s_2,\ s_3)$ との関係は以下の通りである．

$$J_1 = s_1 + s_2 + s_3 = 0 \tag{4.10}$$

$$J_2 = \frac{s_1^2 + s_2^2 + s_3^2}{2} \tag{4.11}$$

$$J_3 = s_1 s_2 s_3 \tag{4.12}$$

以上の応力表記での要点として，図 4.3 を用いて説明したように，変形は定形状の体積変化と定体積の形状変化に二分され，弾性変形の全エネルギー W はそれぞれ，応力の第 1 不変量 I_1 で表される前者に対応する項 W_1 と，偏差応力の第 2 不変量 J_2 で表される後者に対応する項 W_2 の和で以下のように与えられる．

$$W = W_1 + W_2 \tag{4.13}$$

$$\text{○体積変化の項：} W_1 = \frac{1-2\nu}{6E} I_1^2 \tag{4.14}$$

$$\text{○形状変化の項：} W_2 = \frac{1+\nu}{E} J_2 \tag{4.15}$$

ここに，E と ν は，それぞれ与えられた応力状態の下での変形量を記述する，材料固有のヤング係数とポアソン比を示す．

2） von Mises の条件

さて，ここから本項標題の多軸応力状態下での鋼の降伏条件の代表例として，次式で与えられる **von Mises の条件**について説明する．

$$F(J_2) = J_2 - k^2 = 0 \tag{4.16}$$

式 (4.16) は式 (4.15) で示した形状変化のエネルギー W_2 を支配する偏差応力の第 2 不変量 J_2 のみで簡潔に記述したもので，J_2 則ともよばれる．鋼を含む金属材料は，微視的には結晶構造を有し，その塑性変形は結晶構造中の特定のすべり系におけるせん断応力が材料固有の強度に到達したときに生じる．これを巨視的に換言すると，鋼は体積変化に依存せず形状変化のみにて降伏に至るといえる．このため，式 (4.16) の条件式は，鋼の降伏現象を簡便かつ精度よく評価できるものと認知されている．ここで，上式の偏差応力の第 2 不変量 J_2 を主応力成分，ならびに任意の O–x–y–z 座標系での応力成分で再表記すると，次の 2 式のようになる．

$$J_2 = \frac{(\sigma_1-\sigma_2)^2 + (\sigma_2-\sigma_3)^2 + (\sigma_3-\sigma_1)^2}{6} \tag{4.17}$$

$$= \frac{(\sigma_x-\sigma_y)^2 + (\sigma_y-\sigma_z)^2 + (\sigma_z-\sigma_x)^2}{6} + \tau_{xy}^2 + \tau_{yz}^2 + \tau_{zx}^2 \tag{4.18}$$

一方，降伏条件式 (4.16) の材料定数 (k) と前項の 1 軸挙動での降伏応力 f_{sy} との関係は，J_2 を主応力で表記した式 (4.17) にて，$\sigma_1 = f_{sy}$ かつ $\sigma_2 = \sigma_3 = 0$ なる状態を与えた上で，式 (4.18) を適用すると次式のようになる．

$$f_{sy} = \sqrt{3}\,k \tag{4.19}$$

また，純せん断状態では，$\tau_{xy} = \tau_{sy}; \sigma_x = \sigma_y = \sigma_z = \tau_{yz} = \tau_{zx} = 0$ を式 (4.18) に代入し，上式 (4.19) と同様にすれば，**せん断降伏応力** τ_{sy} は次式のように与えられる．

$$\tau_{sy} = k \ \left(= \frac{f_{sy}}{\sqrt{3}} \approx 0.58 f_{sy}\right) \tag{4.20}$$

ここで，2 軸応力状態の一例として，上記の 2 式の σ_x と τ_{xy} の応力 2 成分のみが存在する場合について，式 (4.16) の降伏条件を縮約すると式 (4.21) となり，**図 4.4** に示すように，$\sigma_x - \tau_{xy}$ 平面上にて原点を中心に長軸長 $2f_{sy}$ で，短軸長 $2\tau_{sy}$ の傾角のない楕円形の降伏曲面を描く．

$$\sigma_x^2 + 3\tau_{xy}^2 = 3k^2 \ (= f_{sy}^2) \tag{4.21}$$

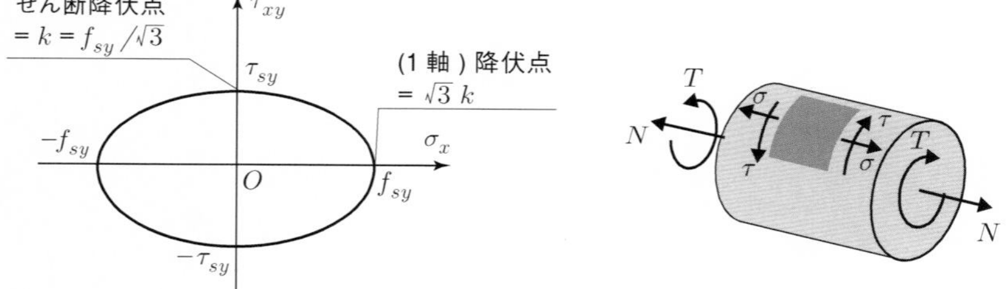

（a） von Mises の降伏曲線　　（b） 具体例：軸力とねじりを受ける円管

図 4.4　1 方向垂直応力と 1 方向せん断応力を受ける場合

図 (b) は，薄肉の円管が軸力 (normal force：N) とねじりモーメント (twisting moment：T) なる組合せ荷重を受けるもので，円管内の 2 軸応力場が式 (4.21) に適合するものである．

次に，より一般的な 2 軸応力状態として，$\sigma_3 = 0$ になる 2 軸状態の主応力平面 $\sigma_1 - \sigma_2$ 平面では，式 (4.16) の降伏条件は次式となる，

$$\sigma_1^2 - \sigma_1\sigma_2 + \sigma_2^2 = 3k^2 \ (= f_{sy}^2) \tag{4.22}$$

この式で与えられる降伏曲線は，**図 4.5** (a) に示す長軸が座標の縦軸から時計回りに 45 度傾いた楕円となる．この楕円長軸は，図中で $\sigma_1 = \sigma_2$ の 1 点鎖線で表示してあ

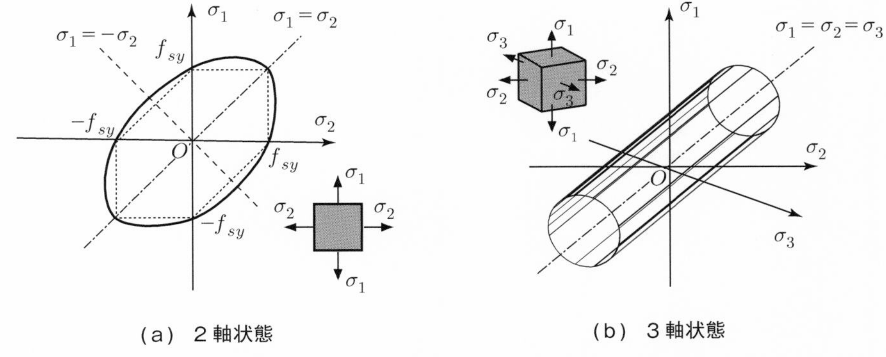

（a） 2 軸状態　　（b） 3 軸状態

図 4.5 多軸応力状態での鋼材の降伏曲面 (von Mises の条件)

り，等方均一な引張あるいは圧縮状態を意味する．一方，楕円の短軸は $\sigma_1 = -\sigma_2$ の純せん断状態を意味している．

最後に，図 4.5 (a) に示した 2 軸状態の主応力平面 σ_1–σ_2 に直交する σ_3 軸を加えた，3 軸状態の主応力空間にて，式 (4.16) で与えられる立体的な降伏曲面を図 4.5 (b) に示す．降伏曲面は傾斜した無限長の真円筒となる．この円筒の傾きを与える円筒中心軸は，図中の 1 点鎖線のように $\sigma_1 = \sigma_2 = \sigma_3$ となる等方均一な引張あるいは圧縮状態を表す直線となる．

第一に着目すべき点は，任意の応力ベクトルにおける，円筒中心軸に沿った成分の長さ l は，応力の第 1 不変量 I_1 と次式の関係をもつ点である．

$$l = \frac{1}{\sqrt{3}} I_1 \tag{4.23}$$

この降伏曲面が上式の中心軸をもつ無限長の円筒となることは，等方均一な応力を正負の無制限に与えても，降伏に至らないことを意味する．いい換えれば，この条件式は上述のように鋼材の降伏現象が体積変化に無関係であることに合致している．

第二の着目点は，任意の応力成分の位置ベクトルの円筒中心軸直交方向成分，すなわち，円筒の半径方向成分の長さ r は次式のように，von Mises の条件にて応力状態を記述する唯一の変数である偏差応力の第 2 不変量 J_2 と次式の関係をもつ点である．

$$r = \sqrt{2J_2} \tag{4.24}$$

$$\because \quad r^2 = s_1^2 + s_2^2 + s_3^2 = 2J_2 \tag{4.25}$$

すなわち，J_2 により定められる応力の半径方向成分 r が，円筒内面に到達するとき，降伏に至る．

4.2 コンクリートの材料特性

4.2.1 応力 – ひずみ関係

コンクリートの基本的材料特性を調べる1軸圧縮試験より得られる圧縮応力 σ と対応する圧縮ひずみ ε との関係の典型例を**図 4.6** (a) に示す．なお，コンクリートの材料特性表記の慣例に従い，前節の鋼とは逆に，圧縮を正としている．

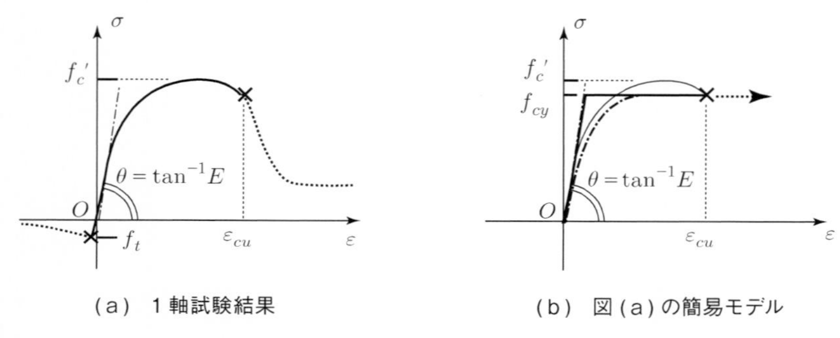

(a) 1軸試験結果　(b) 図(a)の簡易モデル

図 4.6 コンクリートの応力ーひずみ関係とそのモデル

さて，圧縮応力を与えると，その圧縮強度 (compressive strength：f_c') の 1/3 程度の応力までは，鋼と同様に各種コンクリート固有のヤング係数 E によって記述される $\sigma = E\varepsilon$ なる線形関係を呈する．その後は上凸の曲線となり，応力増加に対するひずみの増加率が高くなる．圧縮強度に到達した後は，若干のひずみ増加を伴って応力低下し圧壊 (図 4.6 中の × 印) に至る．ここで，ひずみ速度を一定に保てる剛性の高い載荷枠を備えた圧縮試験器を用いれば，点線で示すような圧壊点を含む圧縮強度到達後の応力低下挙動，いわゆるポストピーク挙動 (post-peak behavior) が得られる．

また，図 4.6 (a) には通常，割裂試験で求められる引張強度 (tensile strength：f_t) も示している．上述の圧縮挙動と同様に，点線で引張強度到達後の挙動も併記している．f_t から左方向へ横軸に漸近する曲線も，ひずみ速度を一定に保った載荷により得られる．昨今の破壊力学を援用した設計手法で，ひび割れ挙動を予測する際に重要な因子である破壊エネルギー (fracture energy：G_F) と，引張強度到達後の曲線形状とは密接な関係がある．

前述の鋼の応力–ひずみ関係が一般的に圧縮と引張に無関係で，延性的な挙動を示す (図 4.1 (d) 参照) のに対し，コンクリートは，引張強度と圧縮強度の比 (f_t/f_c') は 1/10 程度で両者間に大きな差異がある．引張作用下では，ひび割れの発生と進展に支配される疑似脆性的な挙動を示す．

前節の鋼と同様に，上記の 1 軸関係を簡易化した 2 種の慣用モデルを図 4.6 (b) に示す．参考のため，図中には試験結果 (図 4.6(a) の圧縮部実線) を細線で併記している．まず，実線表示が，ヤング係数 E，見かけ降伏応力 f_{cy} と終局圧縮ひずみ ε_{cu} の三者で規定する最も簡易な 3 パラメータモデルである．引張強度はもたず，かつ，圧縮ひずみ限界を有する 2 直線 (線分) モデルであり，その形状は鋼の完全弾塑性モデル (図 4.1 (c) ①) に類似する．なお，見かけ降伏応力は，一般に $\alpha = f_{cy}/f'_c = 0.85$ 程度に設定する．一方，1 点鎖線表示は，細線で示した 1 軸試験結果により近似させるために，圧縮応力が原点から見かけの降伏応力に達するまでを 2 次曲線で表し，その後，見かけの降伏応力を保持して終局圧縮ひずみへ向かうものである．図 4.6 (b) の両モデルでは，終局圧縮ひずみを超えても，図 4.6 中に矢印付き点線で示したように，見かけの降伏応力に到達以降は無制限に塑性ひずみが増加すると仮定する完全弾塑性型モデルもある．

4.2.2 多軸応力状態

図 4.7 に多軸応力状態でのコンクリートの降伏曲面の例を示す．この図は，前項の鋼に関する書式に従い，矢印で表記した座標の正方向は引張と定義している．そのため，図 4.6 での作用応力の正負の定義と逆転していることに注意されたい．また，『降伏』という用語は前項の鋼ではその挙動に合致した表現であるが，コンクリートでは，引張破壊と圧縮破壊に至る弾塑性挙動に関連した用語として用いる．鋼とコンクリートの組成的な差異は，前者が等方均質な結晶構造であるのに対し，後者はセメントペーストと骨材が 2 相複合材料で，材料製作上不可避な大小の多数の空隙を含んでおり，強度的に顕著な異方性を示すことにある．

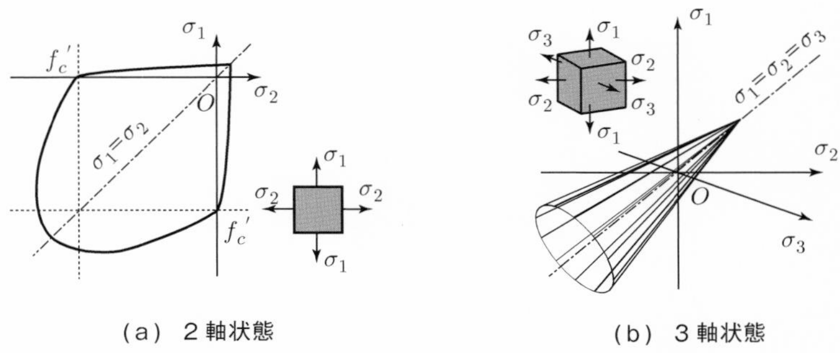

図 4.7 多軸応力状態でのコンクリートの降伏曲面の例

まず，図 4.7 (a) の 2 軸応力状態での降伏曲線について説明する．一般に，この種の曲線は，二つの主応力間の比 σ_1/σ_2 (ただし，$\sigma_1 > \sigma_2$) を逐一変化させた多数の 2 軸載荷実験結果の集積から得られる．上記の $\sigma_1 > \sigma_2$ なる付加的条件は，二つの主応力間の対称性を考慮したものであり，図 4.7 中に 1 点鎖線で示した $\sigma_1 = \sigma_2$ なる対角線に対し，降伏曲線は正対称となる．正，すなわち両軸引張域での降伏曲線と対角線の交点は，引張破壊点で $\sigma_1 = \sigma_2 = 0.1f'_c$ 程度となり，図 4.6 (a) に示した 1 軸状態での引張強度 f_t とほぼ同一と見なせる．一方，負すなわち両軸圧縮域では，その交点は $\sigma_1 = \sigma_2 = -1.2f'_c$ 程度となり，多軸状態における圧縮強度の上昇が認められる．なお，鋼の降伏曲線と対比すれば，鋼の曲線は，対角線に正対称で両主応力座標に逆対称であるのに対し，コンクリートの曲面は，対角線には対称であるが両主応力座標に関する対称性はなく，引張域に狭く圧縮域に大きく広がる点に両者の降伏特性の違いが顕在する．

次に，図 4.7 (b) の 3 軸応力状態での降伏曲面について説明する．図 4.7 (a) を用いて示した 2 軸応力状態での降伏曲線が一般に実験結果に基づくのに対し，典型例として図示した降伏曲面はその材料特性を簡潔な数式で表現した数理モデルに基づいている．図示した降伏条件は，次式の **Drucker–Prager の条件**である．

$$F(I_1, J_2) = \alpha I_1 + \sqrt{J_2} - k = 0 \tag{4.26}$$

前述の 2 軸状態でも述べたが，コンクリートは単一の破壊形式を呈さず，引張，圧縮ならびにせん断などの各作用が複雑に影響を互いに及ぼし合い，そのため多様な破壊形式を呈するのが一般的である．このような多様な破壊形式を包括的に数式記述しようと，数々の降伏条件式が提案されている．その中で，この降伏条件式 (4.26) は最も応力変数と材料定数の個数が少なく，簡潔で数値的な取り扱いにも適し，よく参照される．

さて，式 (4.26) は，鋼の降伏によく適合する von Mises の条件である式 (4.16) に，αI_1 を付加し，コンクリートの降伏が形状変形はもとより体積変化にも依存する特性を表現しようとした数式と見なせる．ここに，α は材料定数で，I_1 は応力の第 1 不変量である．この付加により，形状変形がなくても，いい換えるならば $J_2 = 0$ でも，次式のように体積変化のみにより，降伏に至ることが表現できる．

$$F(I_1, J_2 = 0) = \alpha I_1 - k = 0 \tag{4.27}$$

この状態は，等方均一な 3 軸引張に相当する．なお，$\alpha > 0$ より圧縮域 ($I_1 < 0$) では数式上，等方均一な 3 軸圧縮による降伏は発生しない．式 (4.26) の形状は，図 4.7 (b) のように $\sigma_1 = \sigma_2 = \sigma_3$ という中心軸をもち，引張域に式 (4.27) に相当する頂点が位

置し，圧縮域で底面方向に無限に広がる円錐となる．なお，二つの材料定数 (α, k) は，コンクリートを，垂直応力 σ とせん断応力 τ から構成される平面にて，式 (4.28) で与えられる **Mohr–Coulomb の条件**を満たす材料と見なしたときの二つの材料定数 (c, ϕ) に関係づけることができる．

$$|\tau| = c - \sigma \tan\phi \tag{4.28}$$

ここに，c と ϕ はそれぞれ，**粘着項** (cohesion) と**摩擦角** (angle of friction) とよばれ，それらの値はコンクリートの圧縮強度 f'_c と引張強度 f_t から，次式のように関係づけられる場合もある．

$$f'_c = \frac{2c\cos\phi}{1-\sin\phi}; \quad f_t = \frac{2c\cos\phi}{1+\sin\phi} \tag{4.29}$$

その結果，Drucker–Prager の条件での二つの材料定数 (α, k) と，Mohr-Coulomb の条件での二つの材料定数 (c, ϕ) との関係は，コンクリートの引張強度特性と圧縮強度特性の違いから，ある範囲をもって次の 2 式のように与えられる．

$$\frac{2\sin\phi}{\sqrt{3}(3+\sin\phi)} \le \alpha \le \frac{2\sin\phi}{\sqrt{3}(3-\sin\phi)} \tag{4.30}$$

$$\frac{6c\cos\phi}{\sqrt{3}(3+\sin\phi)} \le k \le \frac{6c\cos\phi}{\sqrt{3}(3-\sin\phi)} \tag{4.31}$$

4.2.3 クリープと乾燥収縮

4.2 節の前半では，コンクリートの短期の挙動について説明してきた．ここでは，時刻や温度ならびに乾湿の変化に伴う，いわゆるコンクリートの経時挙動について説明する．周知のように，長期挙動はコンクリート部材に PC 鋼材を用いてプレストレス力を与えて成立させるプレストレストコンクリート部材において，有効に働くプレストレス力の経時変動，具体的には経時損失を予測する際に，大きな影響因子となる．すなわち 2 章で示したように合成部材や混合構造では，この種の部材を構成材または部材として成立する場合があり，そこでは本項で示す長期挙動に配慮しなければならない．

さて，コンクリートは一定強度の持続応力の下では，短期の弾性ひずみ ε_e $(=\sigma/E)$ に対して，時刻の経過に伴って付加的なひずみ $\varepsilon_{c,t}$ が発生する．これをクリープ (creep) 現象とよぶ．この現象の模式を，横軸に時刻 t，縦軸にひずみ ε をとった**図 4.8** に示す．時刻 $t = t_1$ に応力が与えられると，前述の短期のひずみ ε_e が生じ，その後，与えた応力を一定値に保つと時刻の進行に伴い，付加的にクリープひずみ $\varepsilon_{c,t}$ は増加し，その値は最終クリープひずみ $\varepsilon_{c,\infty}$ へと漸近してゆく．この挙動は一般に

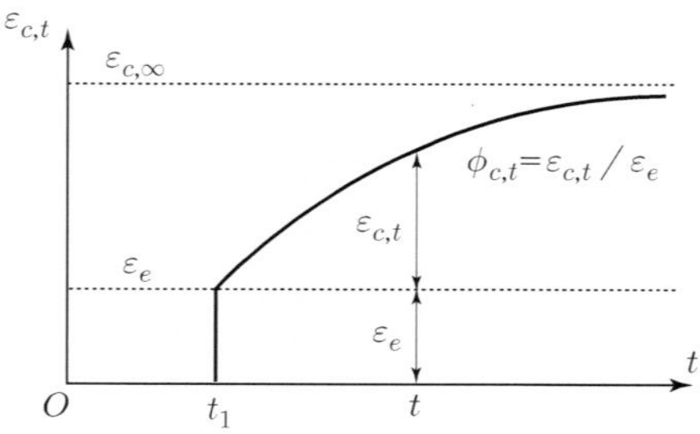

図 4.8 コンクリートのクリープひずみ

次式で表わす.

$$\varepsilon_{c,t} = \phi_{c,t}\frac{\sigma}{E} = \phi_{c,t}\varepsilon_e \tag{4.32}$$

ここに, $\varepsilon_{c,t}$ は**クリープ係数**とよばれる. クリープ係数は, 応力を与える時刻すなわちコンクリートの材齢や, 温度や湿度といった環境条件により変化する. 具体的な値[58]としては, 一般的な屋外環境にて 1.1〜2.7 程度であり, 圧縮応力を与える時刻 t_1 は, コンクリートの材齢が若いほど, その値は大きくなる.

次に, 上記クリープとは異なり, 応力を与えなくとも環境条件によってコンクリートの体積は変化する. その中で最も顕著な現象は, **乾燥収縮** (dry shrinkage) であり, 乾燥収縮ひずみ ε_{sh} で表記される. 具体的な値[58]としては, 屋外環境にて 120〜400 × 10^{-6} 程度の収縮ひずみが発生し, 上述のクリープ係数と同様にコンクリートが若材齢であるほど, その値は大きくなる.

複合構造の理論

本章の前半では，「合成はり」に関する基礎理論として知られている「完全合成理論」，「不完全合成理論」，「断続合成桁」，「有効幅」，「終局曲げ理論」などを解説する．また，後半は，「合成柱」の終局強度解析における「RC 方式」と「累加強度方式」，ならびに「せん断強度特性」，「変形性能特性」などを解説し，最後に，「合成スラブ」の解析法についても言及する．

5.1 合成と非合成

図 5.1 (a) に示すような，異種材料の二つの部材 ①，② を集合した柱が中心圧縮荷重 P を受ける問題を考える．最初に，両部材の接触面での連結がまったくなく，両者が独立に動くならば，荷重 P を受けた部材 ① のみが変形し，他の部材 ② は元のままである．このような柱を**非合成柱** (同図 (b) 参照) とよび，① と ② の変形量の差をずれ (slip) という．次に，部材 ① と ② の両端を剛な棒で連結すると，部材 ① の荷重 P の一部は部材 ② に伝達し，両者が一体化し同一の変形を起こすようになる．このような柱を**合成柱** (composite column；同図 (c) 参照) とよぶ．

図 5.1 の柱の長さを l とし，部材 ① の弾性係数および断面積を E_1 および A_1 とし，

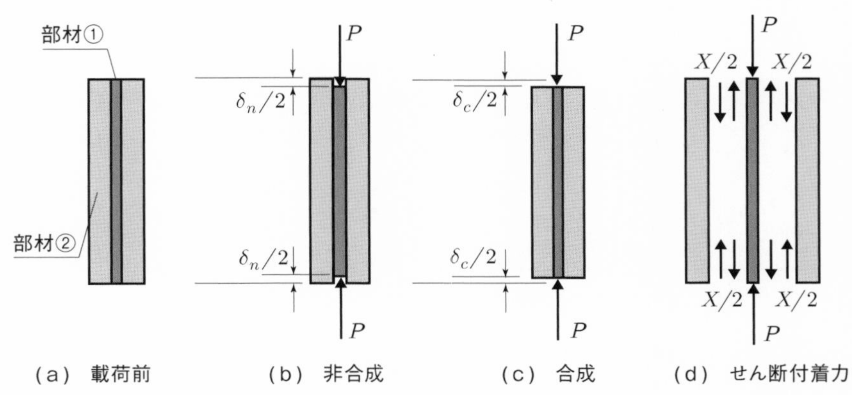

図 5.1　合成柱と非合成柱

部材 ② のそれらを E_2 および A_2 とすれば，非合成柱でのずれは，部材 ① の縮み量と同じであるので

$$\delta_n = \frac{Pl}{E_1 A_1} \tag{5.1}$$

一方，合成柱の縮み量 δ_c は，部材 ① と ② が一体として働くので

$$\delta_c = \frac{Pl}{E_1 A_1 + E_2 A_2} \tag{5.2}$$

あきらかに，$\delta_c < \delta_n$ である．

ところで，図 5.1 (d) に示すように合成柱の上下端の連結棒に作用するせん断力を X とすれば，部材 ① に作用する力は $P–X$，部材 ② に作用する力は X であり，両者の縮み量が同じであることにより，次式となる．

$$\delta_c = \frac{P - X}{E_1 A_1} \cdot l = \frac{X}{E_2 A_2} \cdot l \tag{5.3}$$

上式より

$$X = \frac{E_2 A_2}{E_1 A_1 + E_2 A_2} \cdot P \tag{5.4}$$

となる．

一般に，ずれを防止する連結材を**ずれ止め** (shear connector) とよび，X を**せん断付着力** (shear bond force) とよぶ．

5.2 合成はりまたは合成桁の弾性理論

5.2.1 完全合成理論

図 5.2 (a) に示すような，上，下で材料の異なる断面をもつ単純はりのスパン中央に集中荷重 P を受ける問題を考える．最初に異種材料の界面での結合がまったく無い場合 (図 5.2 (b)) は，上，下層は独立に湾曲し，界面は，端部で最大 δ_n になるようなずれが発生する．このような桁を**非合成桁**，または重ねはりとよび，上・下層のたわみのみが同一になるように変形する．

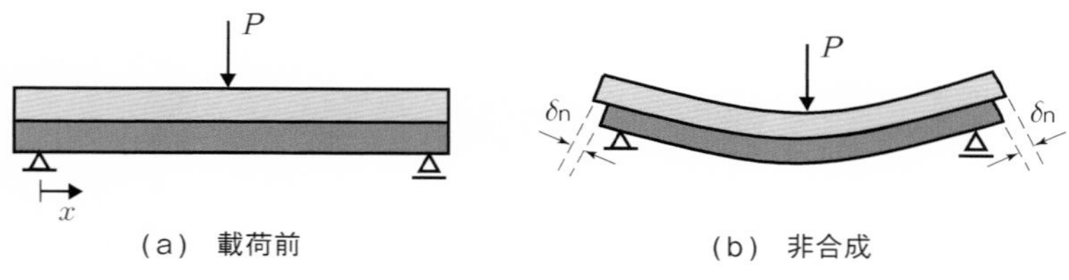

図 5.2 非合成桁

図 5.3 のように，上・下層の界面を密に配置した**ずれ止め**により接合し，両層が一体化した場合 (図 5.3 参照) は，合成はりまたは合成桁とよばれており，界面でのずれがまったくないと仮定した解析理論を**完全合成理論**とよんでいる．

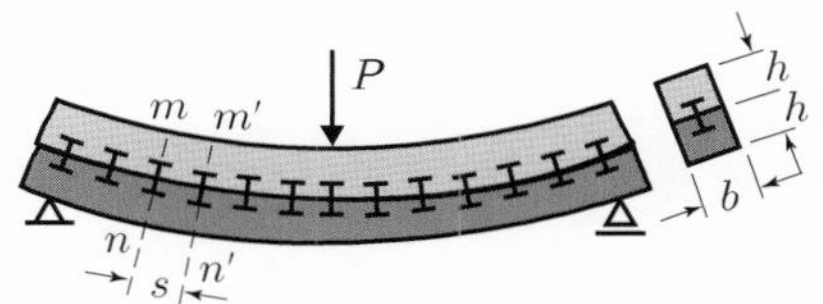

図 5.3 合成桁

いま，図 5.3 のように，上，下層の各断面高さが h で幅が b で同一であり，弾性係数のみが上・下層で異なり，それぞれ E_1，E_2 とする．上・下層の界面で軸方向にずれ止めが密に配置されていれば，上，下断面が一体化し，初等はり理論の基本仮定である "**平面保持の仮定**" が適用できる．この場合は，はりの軸方向の任意位置 (x) での断面内の曲げひずみ (**図 5.4** 参照) は次式となる．

$$\varepsilon_x = \phi_x y = \frac{M_x}{E_2 I_v} y \tag{5.5}$$

ここに，ϕ_x は合成断面の曲率 ϕ_x $(= M_x/(E_2 I_v))$，y は合成断面の図心からの鉛直距離，M_x は曲げモーメント，E_2 は基準に用いた弾性係数 (ここでは下層の弾性係数に採っている)，そして I_v は下層の材料に換算した合成断面の断面 2 次モーメントである．

ところで，**弾性係数比**を $n = E_1/E_2 < 1$ とすれば，一体化した断面 (合成断面) の図心は下層の断面内にあり，図心位置の上縁からの距離 y_v は，

$$y_v = \frac{\bar{G}_{v_1} + \bar{G}_{v_2}}{A_v} = \frac{b(nh^2/2 + 3h^2/2)}{bh(1+n)} = \frac{(3+n)}{2(1+n)} \cdot h \tag{5.6}$$

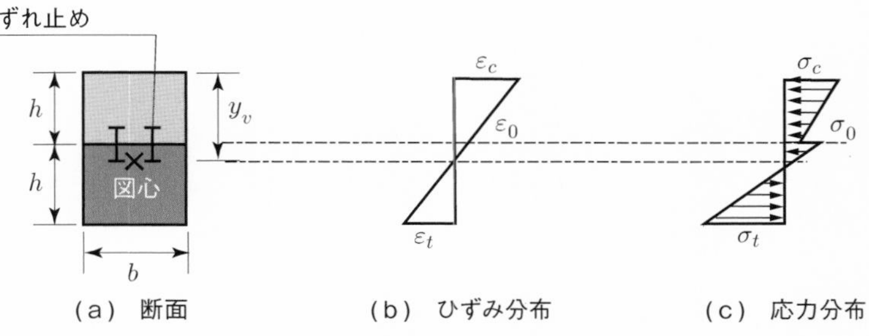

図 5.4 曲げひずみと応力分布

ここに，A_v は合成断面の**換算断面積**，$\bar{G}_{v1}$，$\bar{G}_{v2}$ は上・下層断面の合成断面上縁に関する**換算断面 1 次モーメント**である．したがって，図心をとおる水平軸に関する合成断面の**換算断面 2 次モーメント**は以下のように与えられる．

$$I_v = nI_1 + nA_1 \cdot y_1^2 + I_2 + A_2 \cdot y_2^2$$
$$= \frac{nbh^3}{12} + nbh\left(y_v - \frac{1}{2}h\right)^2 + \frac{bh^3}{12} + bh\left(\frac{3}{2}h - y_v\right)^2 \tag{5.7}$$

ここに，A_1，A_2 はそれぞれ上・下層の断面積，I_1，I_2 はそれぞれ上・下層の断面 2 次モーメント，ならびに，y_1，y_2 は合成断面の図心からそれぞれ上・下層断面の図心までの距離である．

次に，**図 5.5** に示すような，はりの軸方向に**ずれ止め間隔** s だけ離れた 2 断面 m–n，m'–n' で切り取った上層の要素の水平方向の力のつり合い条件を考えれば，次式を得る．

$$Q_x = H_{m'-n'} - H_{m-n} \tag{5.8}$$

ここに，Q_x はずれ止めに働く**せん断付着力**，$H_{m'-n'}$ は m'–n' 断面での上層の曲げ応力の合力，H_{m-n} は m–n 断面での同様の合力である．

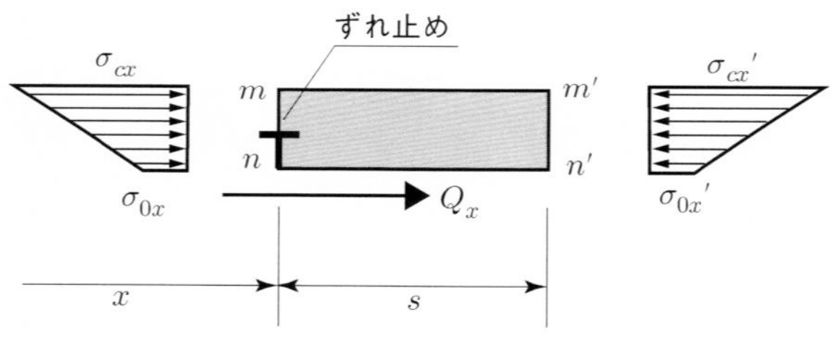

図 5.5 力のつり合い

曲げモーメント M_x が作用する合成断面での図心より鉛直距離 y の位置での曲げ応力は，式 (5.5) と弾性条件により，

上層では

$$\sigma_x = E_1\phi_x y = n\frac{M_x}{I_v}y \tag{5.9}$$

下層では

$$\sigma_x = E_2\phi_x y = \frac{M_x}{I_v}y \tag{5.10}$$

であるから，図 5.5 の m–n および m'–n' の各断面位置での合成断面の曲げモーメントを，それぞれ M_x，$M_{x'}$ とすれば，次式を得る．

$$H_{m-n} = \int_{A_1} \sigma_x dA_1 = bh\frac{\sigma_{cx} + \sigma_{0x}}{2} = \frac{nbhM_x}{I_v}\left(y_v - \frac{1}{2}h\right) \tag{5.11}$$

$$H_{m'-n'} = \int_{A_1} \sigma_{x'} dA_1 = bh\frac{\sigma'_{cx} + \sigma'_{0x}}{2} = \frac{nbhM_{x'}}{I_v}\left(y_v - \frac{1}{2}h\right) \tag{5.12}$$

ここに，積分は上層の断面 A_1 について実行し，σ_{cx}，σ_{0x}，σ'_{cx}，σ'_{0x} は図 5.5 に示す上層の m–n および m'–n' 断面の上，下縁の曲げ応力である．

式 (5.8) より

$$Q_x = H_{m'-n'} - H_{m-n} = \frac{nbh \cdot \Delta M_x}{I_v}\left(y_v - \frac{1}{2}h\right) \tag{5.13}$$

ここに，$\Delta M_x = M_{x'} - M_x$ はずれ止め間隔 s だけ離れた 2 断面での曲げモーメントの差である．式 (5.13) より，ずれ止めに働くせん断力 Q_x は ΔM_x に比例し，ずれ止め間隔を十分に小さくすれば，次式となる．

$$\lim_{s \to 0} \frac{\Delta M_x}{s} = \frac{dM_x}{dx} = S_x \tag{5.14}$$

ここに，S_x は合成断面の曲げに伴うせん断力であり，

$$Q_x = \frac{nbh(y_v - 0.5h)}{I_v} S_x \cdot s \tag{5.15}$$

となる．

ところで，式 (5.9) を用いて以下のように表すと

$$\int_{A_1} \sigma_x dA_1 = n\frac{M_x}{I_v}\int_{A_1} y dA_1 = \frac{G_{v1}}{I_v} M_x \tag{5.16}$$

となる．ここに，G_{v1} $\left(= n\int_{A_1} y dA_1\right)$ は合成断面の図心をとおる水平軸に関する上層断面の換算断面 1 次モーメントである．すると，長方形断面を含めた任意断面でのずれ止めのせん断力 Q_x に対して，式 (5.15) は以下のように一般化できる．

$$Q_x = \frac{sG_{v1}}{I_v} S_x \tag{5.17}$$

したがって，ずれ止め間隔が十分に小さければ，任意分布荷重を受ける合成桁 (ただし，等断面桁の場合) のずれ止めに働くせん断力は曲げに伴うせん断力に比例するといえる．

例題 5.1 **図 5.6** (a) に示すような支間長 20 m の単純支持合成桁が等分布荷重強度 $p_0 = 1$ kN/m を受けた場合，左支点から距離 a にあるずれ止めに働くせん断力 Q_a を求めよ．ただし，ずれ止めは等間隔 $s = 0.2$ m で配置されており，合成桁断面は図 5.6 (b) に示すもので，鋼桁の弾性係数：$E_s = 2 \times 10^5$ N/mm^2，コ

ンクリート床版の弾性係数：$E_c = 2 \times 10^4$ N/mm^2 とする．

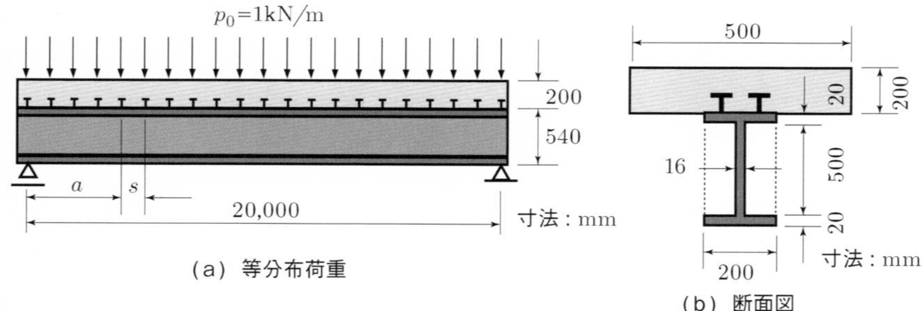

図 5.6 合成桁

解答 最初に，図 5.6 (b) の合成桁断面の図心および図心をとおる水平軸に関する鋼に換算した断面 2 次モーメントを求める．鋼桁を基準にした弾性係数比は $n = E_c/E_s = 0.1$ であり，コンクリート床版，鋼桁の上フランジ，ウエブ，下フランジの各断面に関する断面諸量は表 5.1 のように算定できる．なお，鋼桁の上下フランジの板厚はウエブ高に比べて充分に小さいので，フランジ断面の図心に関する断面 2 次モーメントは無視している．

表 5.1 断面特性

要素	換算断面積 (mm^2)	上縁から図心までの距離 (mm)	断面 1 次モーメント (mm^3)	断面 2 次モーメント (mm^4)
① コンクリート床版	$500 \times 200 \times 0.1 = 10{,}000$	100	1×10^6	$10{,}000 \times 100^2 + 0.1 \times 500 \times 200^3/12 = 1.33 \times 10^8$
② 鋼桁上フランジ	$200 \times 20 = 4{,}000$	210	0.84×10^6	$4{,}000 \times 210^2 = 1.76 \times 10^8$
③ 鋼桁ウエブ	$500 \times 16 = 8{,}000$	470	3.76×10^6	$8{,}000 \times 470^2 + 16 \times 500^3/12 = 19.4 \times 10^8$
④ 鋼桁下フランジ	$200 \times 20 = 4{,}000$	730	2.92×10^6	$4{,}000 \times 730^2 = 21.3 \times 10^8$
合計	$\sum A = 26{,}000$		$\sum G = 8.52 \times 10^6$	$\sum I = 43.8 \times 10^8$

表 5.1 より，合成桁断面の図心から上縁での距離 y_v は

$$y_v = \frac{\sum G}{\sum A} = \frac{8.52 \times 10^6}{2.6 \times 10^4} = 328 \text{ mm}$$

よって，鋼桁に換算した合成断面の断面 2 次モーメントは，次式となる．

$$I_v = \sum I - y_v^2 \sum A = 43.8 \times 10^8 - 3.28^2 \times 10^4 \times 2.6 \times 10^4$$
$$= 15.8 \times 10^8 \text{ mm}^4$$

次に，図心をとおる水平軸に関するコンクリート床版の換算断面 1 次モーメントは

$$G_{vc} = 10000 \times y_v = 3.28 \times 10^6 \ \mathrm{mm}^3$$

であるので，式 (5.17) より，ずれ止めに作用するせん断力 Q_x は

$$Q_x = \frac{sG_{vc}}{I_v} S_x = \frac{200 \times 3.28 \times 10^6}{15.8 \times 10^8} S_x = 0.415 S_x$$

一方，等分布荷重 $q_0 = 1$ kN/m の下でのせん断力図は**図 5.7** のようになる．たとえば，左支点から $a = 1$ m の位置の断面に働くせん断力 $S_a = 9$ kN であるから，同じ断面に位置する鋼桁上フランジ幅上のずれ止めに働くせん断力 Q_a は

$$Q_a = 0.415 \times 9 = 3.74 \ \mathrm{kN}$$

となる．

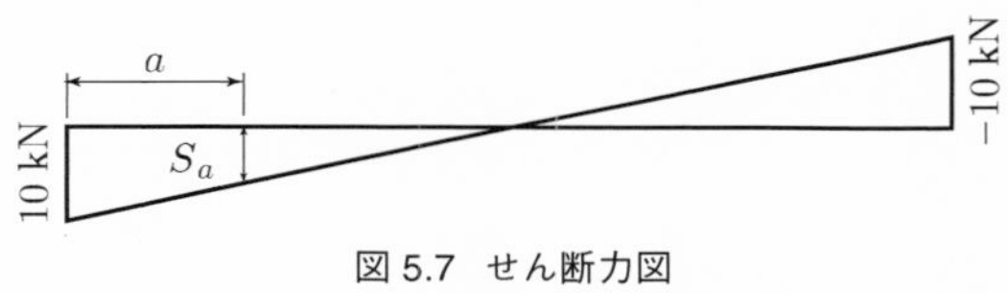

図 5.7 せん断力図

例題 5.2 例題 5.1 での等分布荷重を受ける単純支持合成桁において，ずれ止めに働くせん断力が一様になるにはずれ止め間隔 s をどのように採ればよいかを述べよ．

解答 式 (5.13) は以下のように表せるので，

$$Q_x = H_{m'-n'} - H_{m-n} = \frac{G_{v1}}{I_v} \Delta M_x$$

ずれ止め間隔 s における曲げモーメント差 ΔM_x を一定にするように s をとればよい．すなわち，

$$\Delta M_x = \int_x^{x+s} \frac{dM_x}{dx} \, dx = \int_x^{x+s} S_x \, dx = \mathrm{const.}$$

上式の積分値は，隣接するずれ止め位置に囲まれたせん断力図の面積を表すので，**図 5.8** に示すように，せん断力図においてずれ止め間隔 s が囲む面積が等しくなるようにずれ止め間隔を端部で密に中央部で疎にすればよい．

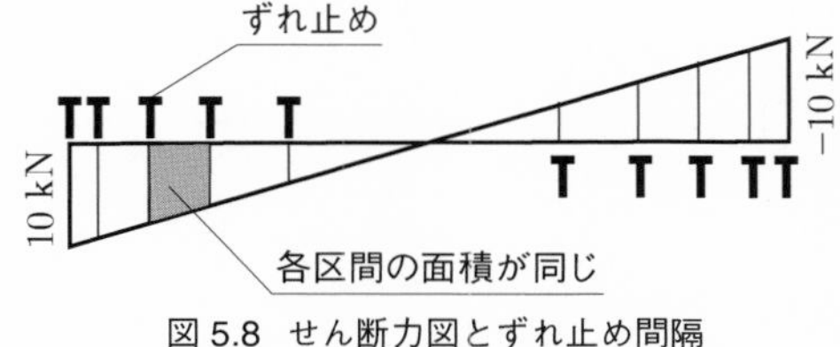

図 5.8 せん断力図とずれ止め間隔

5.2.2 不完全合成理論

前項の完全合成理論によるずれ止めに作用するせん断力の算定式は，異種材料の上下はりの界面は全域にわたってずれがなく，上下はりは完全に一体化し，曲げに対して平面保持の仮定に従うことを前提としている．しかしながら，せん断力を受けたどのようなずれ止めでも変形がゼロ，すなわち完全に剛なずれ止めは存在せず，またずれ止め間隔もゼロでない．したがって，ずれ止めに作用するせん断力をより正確に算定するには，ずれ止めの変形を考慮した理論が必要になる．

1951 年，M. N. Newmark[59] は異種材料からなる上下はりの界面において，単位長さ当たりのせん断力 q とずれ量 δ_s が次式で与えられる場合の基礎微分方程式を誘導した．

$$q = k\delta_s \tag{5.18}$$

ここに，k は比例係数で，一般に**ずれ剛性** (単位：力／長さの 2 乗) とよぶ．式 (5.18) に基づく合成はりの解析理論は，一般に不完全合成はり理論とよばれており，以下に概説する．

図 5.9 (a)，(b) に示すような，上部がコンクリート床版で下部が鋼桁からなる合成桁を対象として，コンクリート床版の断面積を A_c，弾性係数を E_c，断面 2 次モーメ

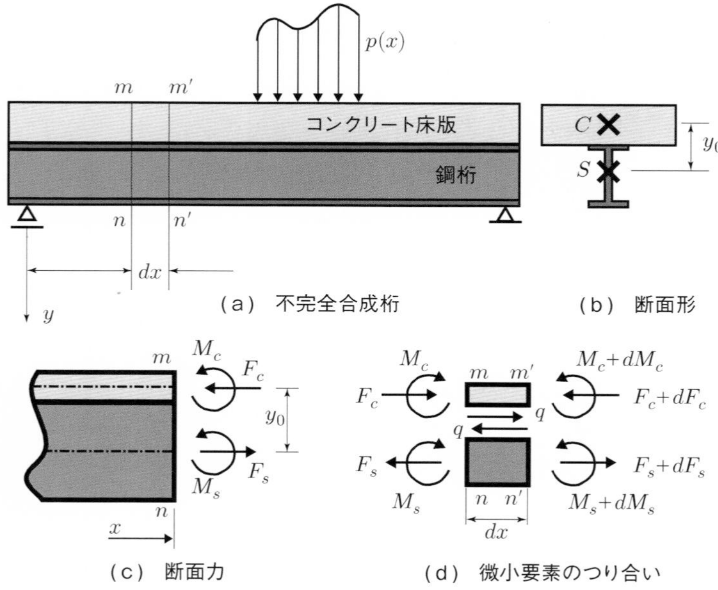

図 5.9 不完全合成理論

ントを I_c，鋼桁のそれらを A_s，E_s，I_s とし，床版と鋼桁の図心間距離を y_0 とする．コンクリート床版に作用する軸圧縮力と曲げモーメントをそれぞれ F_c，M_c とし，鋼桁に作用する軸引張力と曲げモーメントを F_s，M_s とし (図 5.9 (c) 参照)，合成断面に作用する曲げモーメントを M_x とすれば，任意断面 m–n に関するつり合い条件は

$$\left.\begin{aligned} &M_x = M_c + M_s + F_c y_0 \\ &F_c - F_s = 0 \\ &dF_c - q\,dx = 0 \end{aligned}\right\} \tag{5.19}$$

となる．ここに，dF_c は微小距離 dx だけ離れた 2 断面でのコンクリート床版の軸圧縮力の差である (図 5.9 (d) 参照)．

次に，コンクリート床版の軸方向 (x 方向) 変位を u_c，鉛直 (y 方向) たわみを v_c とし，鋼桁のそれらを u_s，v_s とすれば，弾性条件より次式となる．

$$\left.\begin{aligned} &F_c = -E_c A_c \varepsilon_c, M_c = E_c I_c \phi_c \\ &F_s = E_s A_s \varepsilon_s, M_s = E_s I_s \phi_s \end{aligned}\right\} \tag{5.20}$$

ここに，ε_c，ε_s はそれぞれコンクリート床版および鋼桁の図心位置での軸方向ひずみ，ϕ_c，ϕ_s はそれぞれコンクリート床版および鋼桁の曲率であり，以下のように表せる．

$$\left.\begin{aligned} &\varepsilon_c = \frac{du_c}{dx}, \qquad \varepsilon_s = \frac{du_s}{dx} \\ &\phi_c = -\frac{d^2 v_c}{dx^2}, \quad \phi_s = -\frac{d^2 v_s}{dx^2} \end{aligned}\right\} \tag{5.21}$$

また，コンクリート床版と鋼桁の鉛直たわみは等しいので

$$v = v_c = v_s, \qquad \phi_c = \phi_s = -\frac{d^2 v}{dx^2} \tag{5.22}$$

とおける．

次に，コンクリート床版と鋼桁の界面でのずれ量 δ_s は適合条件により以下のように表せる．

$$\delta_s = u_s - u_c + y_0 \frac{dv}{dx} \tag{5.23}$$

ただし，dv/dx は時計回りを正としている．上式を式 (5.18) および式 (5.19) の第 3 式に代入すれば

$$\frac{dF_c}{dx} = q = -k\left(u_c - u_s - y_0 \frac{dv}{dx}\right) \tag{5.24}$$

となり，さらに，上式を x に関して微分し，式 (5.20) および (5.21) を考慮すれば

$$\frac{d^2 F_c}{dx^2} = -k\left(\frac{du_c}{dx} - \frac{du_s}{dx} - y_0 \frac{d^2 v}{dx^2}\right)$$

$$= k\left[\frac{F_c}{E_cA_c} + \frac{F_s}{E_sA_s} - \frac{y_0(M_c + M_s)}{E_cI_c + E_sI_s}\right] \tag{5.25}$$

となる．そして，式 (5.19) の第 1 および第 2 式を用いて，上式を整理すれば

$$\frac{d^2F_c}{dx^2} - \beta^2 F_c = -\alpha M_x \tag{5.26}$$

ここに，

$$\beta^2 = k\left[\frac{E_cA_c + E_sA_s}{E_cA_cE_sA_s} + \frac{y_0^2}{\overline{EI}}\right], \quad \alpha = \frac{ky_0}{\overline{EI}}, \quad \overline{EI} = E_cI_c + E_sI_s \tag{5.27}$$

となる．式 (5.26) は F_c についての 2 階の常微分方程式である．

式 (5.26) の右辺をゼロした同次方程式の解 (同次解) は

$$\bar{F}_c = A\cosh\beta x + B\sinh\beta x \tag{5.28}$$

ここに，A，B は積分定数であり，一般解は以下のように表せる．

$$F_c = \bar{F}_c + F_{c0} = A\cosh\beta x + B\sinh\beta x + F_{c0} \tag{5.29}$$

ここに，F_{c0} は特解であり，荷重条件によって定まる．

一例として，スパン長 $2l$ の単純桁が等分布荷重 p_0 を受ける問題を取り上げれば，左支点から距離 x の断面での曲げモーメントは

$$M_x = \frac{p_0}{2}x(2l - x) \tag{5.30}$$

であるので，特解は

$$F_{c0} = -\frac{\alpha p_0}{2\beta^2}\left(x^2 - 2lx + \frac{2}{\beta^2}\right) \tag{5.31}$$

となり，一般解は以下のようになる．

$$F_c = A\cosh\beta x + B\sinh\beta x - \frac{\alpha p_0}{2\beta^2}\left(x^2 - 2lx + \frac{2}{\beta^2}\right) \tag{5.32}$$

単純桁の境界条件は，$x = 0$ において $F_c = 0$，対称性の条件より，$x = l$ において $dF_c/dx = 0$ であるので，積分定数は

$$A = \frac{\alpha p_0}{\beta^4}, \quad B = -\frac{\alpha p_0}{\beta^4}\coth\beta l \tag{5.33}$$

となり，式 (5.24) より，せん断付着応力は

$$q = \frac{dF_c}{dx} = A\beta\sinh\beta x + B\beta\cosh\beta x - \frac{\alpha p_0}{\beta^2}(x - l)$$
$$= \frac{\alpha p_0}{\beta^3}\left[\sinh\beta x - \coth\beta l \cdot \cosh\beta x - \beta(x - l)\right] \tag{5.34}$$

となる．

例題 5.3 **図 5.10** に示すような，スパン中央に集中荷重を受ける単純支持合成桁の単位長さ当たりのせん断付着力 q の分布を不完全合成理論により求め，完全合成理論値との相違を示せ．

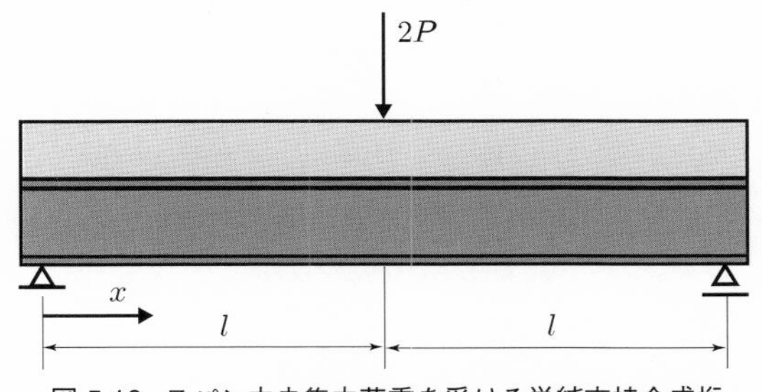

図 5.10 スパン中央集中荷重を受ける単純支持合成桁

解答 対称性により，$0 \leq x \leq l$ の領域のみを考慮する．曲げモーメントは

$$M_x = Px$$

よって，式 (5.29) における特解は

$$F_{c0} = \frac{\alpha Px}{\beta^2}$$

一般解およびせん断付着応力は，次式となる．

$$F_c = A\cosh\beta x + B\sinh\beta x + \frac{\alpha Px}{\beta^2}$$

$$q = \frac{dF_c}{dx} = A\beta\sinh\beta x + B\beta\cosh\beta x + \frac{\alpha P}{\beta^2}$$

積分定数 A，B は境界条件：$x = 0$ で $F_c = 0$，$x = l$ で $dF_c/dx = 0$ (対称条件) より，

$$A = 0, \quad B = -\frac{\alpha P}{\beta^3}\cdot\frac{1}{\cosh\beta l}$$

となり，よって，

$$q = \frac{\alpha P}{\beta^2}\left(1 - \frac{\cosh\beta x}{\cosh\beta l}\right)$$

となる．

断面特性とずれ剛性 k に依存した無次元パラメータ βl を変化させたときのせん断付着力 q の分布形を**図 5.11** に示す．k を大きくすれば，式 (5.27) より β が大きくなり，$\beta l \to \infty$ にすれば，$q = \pm\alpha P/\beta^2$ で x に関係なく一定になり，完全合成理論値に一致するが，q の分布は β の値に敏感な影響を受け，ずれ剛性 k のわずかな減少がスパン中央部での q の減少に大きくつながることがわかる．

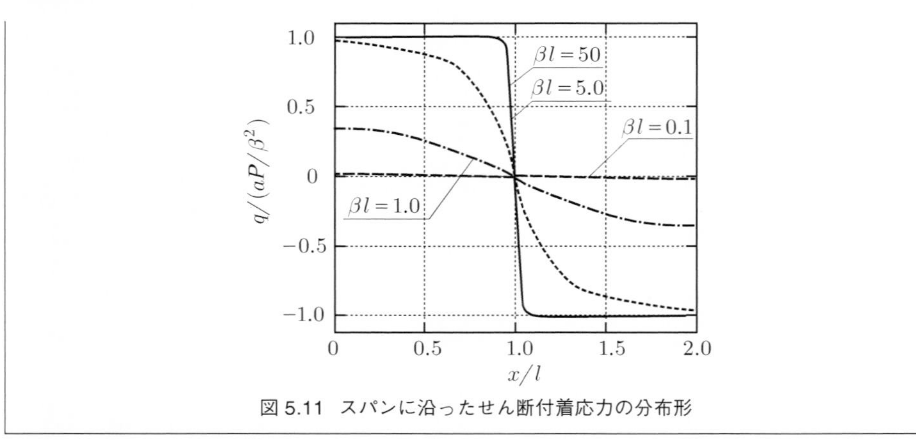

図 5.11 スパンに沿ったせん断付着応力の分布形

5.2.3 温度変化や乾燥収縮によるずれ止めのせん断力

コンクリート床版の**温度変化**や**乾燥収縮**によるずれ止めに働くせん断力を求める問題に対しては，完全合成理論は適切であるとはいい難い．たとえば，**図 5.12** に示すように，スパン長 $2l$ の単純合成桁のコンクリート床版が温度変化 Δt_c を受けた問題を考える．問題の対称性を考慮してスパン中央点から座標 x をとる．

まず，コンクリート床版と鋼桁が接合されていない非合成桁の場合は，コンクリートの線膨張係数を α_c とすれば，床版の自由膨張ひずみ ε_0 は $\alpha_c \Delta t_c$ でスパン方向に一定であり，任意点 x における自由膨張による床版の水平変位は次式となる．

$$u(x) = \alpha_c \Delta t_c \cdot x \tag{5.35}$$

次に，完全合成理論では，床版と鋼桁の間のずれを許容しないので，$x = \pm l$ の支点での変位 $(\pm\alpha_c \Delta t_c \cdot l)$ を打ち消すために，両支点上のずれ止めにはせん断力 X が発生する．したがって，コンクリート床版と鋼桁の界面から床版および鋼桁断面の図心までの距離をそれぞれ y_c，y_s とすれば，X による床版の軸力 (F_c) および曲げモーメント (M_c) は

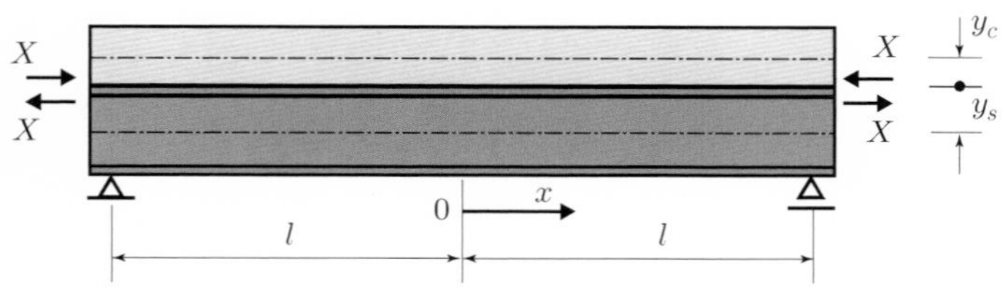

図 5.12 温度変化によるせん断付着力

$$F_c = X, \quad M_c = -X \cdot y_c \tag{5.36}$$

であり，また，鋼桁の軸力 F_s および曲げモーメント M_s は

$$F_s = -X, \quad M_s = -X \cdot y_s \tag{5.37}$$

となる．ただし，軸力は圧縮を正，曲げモーメントは下側引張を正としている．床版および鋼桁の弾性係数をそれぞれ E_c，E_s，断面積をそれぞれ A_c，A_s，断面 2 次モーメントをそれぞれ I_c，I_s とすれば，床版端部でずれ量がゼロになる条件は次式となる．

$$\alpha_c \Delta t_c \cdot l - \frac{F_c}{E_c A_c} \cdot l + \frac{M_c y_c}{E_c I_c} \cdot l = -\frac{F_s}{E_s A_s} \cdot l - \frac{M_s \cdot y_s}{E_s I_s} \cdot l \tag{5.38}$$

式 (5.36) および (5.37) を上式に代入し，整理すれば

$$X = \frac{\alpha_c \Delta t_c}{\dfrac{1}{E_c A_c} + \dfrac{y_c^2}{E_c I_c} + \dfrac{1}{E_s A_s} + \dfrac{y_s^2}{E_s I_s}} \tag{5.39}$$

を得る．X による床版および鋼桁のひずみはスパン内で一定であるので，式 (5.39) による X が端部に発生すれば，スパン内のいずれの位置でも界面にずれが生じない．したがって，ずれ止め間隔のいかんに係わらず端部のずれ止めのみがせん断力 X を受け，中間部のずれ止めにはせん断力が発生しないという結果になる．

どのようなずれ止めを用いてもずれ量はゼロでないから，この問題に対しては完全合成理論は適切でないといえる．

次に，不完全合成理論に基づいてこの問題を解いてみる．

温度変化 Δt によるコンクリート床版の初期変位は以下の式となる．

$$u_{i0} = \alpha_c \Delta t \cdot x \tag{5.40}$$

なお，乾燥収縮の場合は $\alpha_c \Delta t = -\varepsilon_{sh}$，ここに ε_{sh}：乾燥収縮ひずみとおけば同様に取り扱える．

式 (5.18) と式 (5.24) より

$$\begin{aligned} \frac{dF_c}{dx} &= q = k(\delta_s - u_{i0}) \\ &= -k\left(u_c - u_s - y_0 \frac{dv}{dx}\right) - k\alpha_c \Delta t \cdot x \end{aligned} \tag{5.41}$$

となる．上式を微分し，式 (5.26) の形に整理すれば，

$$\frac{d^2 F_c}{dx^2} - \beta^2 F_c = -k\alpha_c \Delta t \tag{5.42}$$

となり，上式の一般解は以下のように与えられる．

$$F_c = A\cosh\beta x + B\sinh\beta x + \frac{k\alpha_c \Delta t}{\beta^2} \tag{5.43}$$

対称条件と境界条件，すなわち $x=0$ で $dF_x/dx=0$，および $x=l$ で $F_c=0$ より，

$$B=0, \quad A=-\frac{k\alpha_c\Delta t_c}{\beta^2}\cdot\frac{1}{\cosh\beta l} \tag{5.44}$$

となる．よって，

$$\left.\begin{aligned} F_c &= \frac{k\alpha_c\Delta t}{\beta^2}\left(1-\frac{\cosh\beta x}{\cosh\beta l}\right) \\ q &= \frac{dF_c}{dx}=-\frac{k\alpha_c\Delta t}{\beta}\cdot\frac{\sinh\beta x}{\cosh\beta l} \end{aligned}\right\} \tag{5.45}$$

を得る．上式で，$q_0=-k\alpha_c\Delta t/\beta$, $\gamma=\beta l$ とおいたときの γ と q/q_0 の関係を求めたものが**図 5.13** である．ずれ剛性 k をゼロに近づければ $\gamma\to 0$，よって $q\to 0$ となり，$k\to\infty$ にすれば $\gamma\to\infty$，よって q は $x=l$ の支点部に集中し，その値が無限大になり，完全合成理論に一致することがわかる．したがって，合成桁でのコンクリート床版の温度変化や乾燥収縮によるずれ止め力は，ずれ剛性に敏感な影響を受けるといえる．ちなみに，道路橋示方書 (鋼橋編)[60]では，コンクリート床版の乾燥収縮や温度変化にともなう単純合成桁橋では，支点からスパンの 10 分の 1，または主桁間隔の領域のみのずれ止めが有効に働くと規定していることを付記しておく．

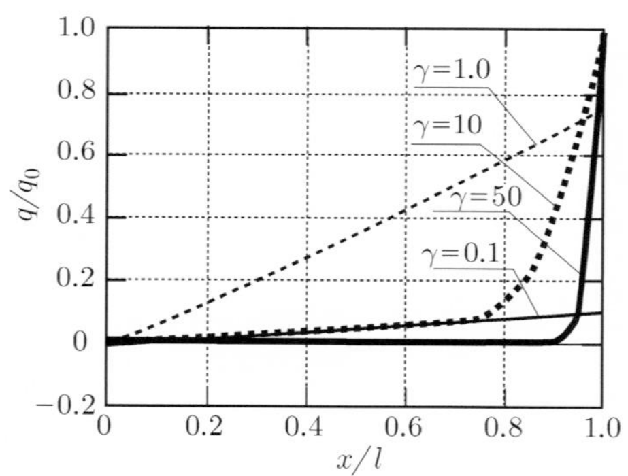

図 5.13 コンクリート床版の温度変化によるせん断付着応力分布

5.2.4 断続合成桁

連続合成桁は，負の曲げモーメントにより中間支点部でコンクリート床版に早期にひび割れが発生しやすいので，耐久性の面からひび割れ抑制が設計上の重要な課題になる．特に，伝統的に弾性設計法が適用されてきた橋梁構造では，早期ひび割れを抑制する方法がいろいろと考案されてきた．断続合成桁工法もその一つで，**図 5.14** に示すように，連続合成桁の中間支点部のずれ止めを削除し，非合成にすることによっ

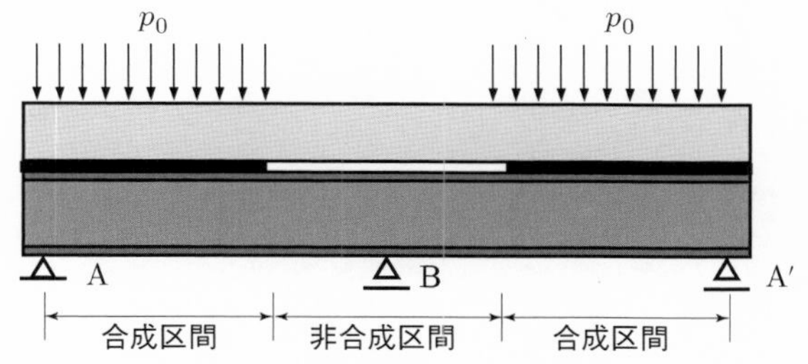

図 5.14　断続合成桁の例

て**負曲げモーメント**の低減を意図した方法である．

断続合成桁の解析法は，合成区間の桁と非合成区間の桁を連続させることによって展開できる．剛性法において，**図 5.15** の部材 i の材端力ベクトル，

$$\boldsymbol{P}_{ci} = \begin{bmatrix} N_{ai} & V_{ai} & M_{ai} & N_{bi} & V_{bi} & M_{bi} \end{bmatrix}^T \tag{5.46}$$

と，材端変位ベクトル，

$$\boldsymbol{U}_{ci} = \begin{bmatrix} u_{ai} & v_{ai} & \theta_{ai} & u_{bi} & v_{bi} & \theta_{bi} \end{bmatrix}^T \tag{5.47}$$

の関係は，以下のように表せる．

$$\boldsymbol{P}_{ci} = \boldsymbol{K}_{ci}\boldsymbol{U}_{ci} \tag{5.48}$$

ここに，$\boldsymbol{K}_{ci}$ は合成部材の要素剛性行列で以下のように与えられる．

$$\boldsymbol{K}_{ci} = \frac{E_i}{l_i^3}\begin{bmatrix} A_il_i^2 & 0 & 0 & -A_il_i^2 & 0 & 0 \\ 0 & 12I_i & 6I_il_i & 0 & -12I_i & 6I_il_i \\ 0 & 6I_il_i & 4I_il_i^2 & 0 & -6I_il_i & 2I_il_i^2 \\ -A_il_i^2 & 0 & 0 & A_il_i^2 & 0 & 0 \\ 0 & -12I_i & -6I_il & 0 & 12I_i & -6I_il_i \\ 0 & 6I_il_i & 2I_il_i^2 & 0 & -6I_il & 4I_il_i^2 \end{bmatrix} \tag{5.49}$$

ここに，l_i：部材長，E_i：弾性係数，A_i：断面積，I_i：断面 2 次モーメントである．

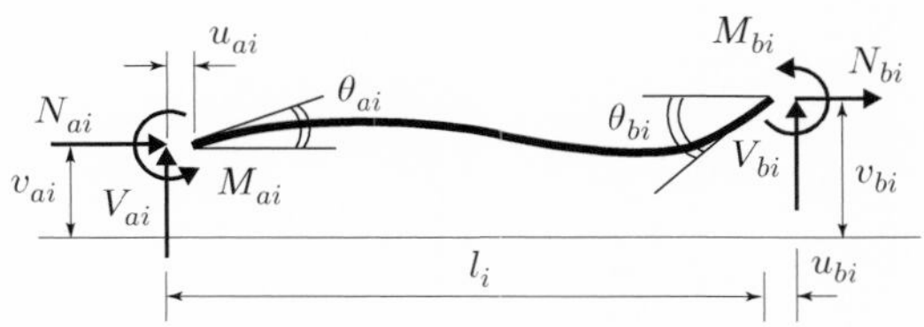

図 5.15　材端力と材端変位

さて，図5.14の断続合成桁を骨組理論により解析する場合の左径間の骨組線は，対称性を考慮し，**図5.16** のようになる．各部材に対して式(5.48)の剛性方程式を適用する．合成区間の部材1–2では，左端がローラ支持であるので，$v_{a1}=0$ および $M_{a1}=0$，ならびに等分布荷重の項を考慮して次式を得る．

$$\begin{bmatrix} V_{b1} \\ M_{b1} \end{bmatrix} = \frac{3E_sI_v}{l_1^3}\begin{bmatrix} 1 & -l_1 \\ -l_1 & l_1^2 \end{bmatrix}\begin{bmatrix} v_{b1} \\ \theta_{b1} \end{bmatrix} + \frac{p_0l_1}{8}\begin{bmatrix} 5 \\ -l_1 \end{bmatrix} \tag{5.50}$$

ここに，E_s は鋼桁の弾性係数，I_v は鋼桁に換算した断面2次モーメントである．

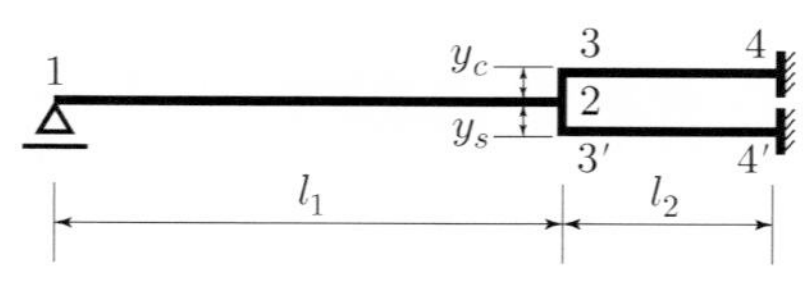

図5.16 骨組線

次に，図5.16の非合成区間のコンクリート床版および鋼桁部材に式(5.48)を適用し，右端の固定条件：$v_{b2}^c=\theta_{b2}^c=0$ および $v_{b2}^s=\theta_{b2}^s=0$，を考慮すれば

$$\begin{bmatrix} N_{a2}^c \\ V_{a2}^c \\ M_{a2}^c \end{bmatrix} = \frac{E_c}{l_2^3}\begin{bmatrix} A_cl_2^2 & 0 & 0 \\ 0 & 12I_c & 6I_cl_2 \\ 0 & 6I_cl_2 & 4I_cl_2^2 \end{bmatrix} \cdot \begin{bmatrix} u_{a2}^c \\ v_{a2}^c \\ \theta_{a2}^c \end{bmatrix} \tag{5.51}$$

$$\begin{bmatrix} N_{a2}^s \\ V_{a2}^s \\ M_{a2}^s \end{bmatrix} = \frac{E_s}{l_2^3}\begin{bmatrix} A_sl_2^2 & 0 & 0 \\ 0 & 12I_s & 6I_sl_2 \\ 0 & 6I_sl_2 & 4I_sl_2^2 \end{bmatrix} \cdot \begin{bmatrix} u_{a2}^s \\ v_{a2}^s \\ \theta_{a2}^s \end{bmatrix} \tag{5.52}$$

ここに，添え字 c はコンクリート床版，s は鋼桁を意味し，E_c，E_s および I_c，I_s はそれぞれコンクリート断面および鋼断面の弾性係数および断面2次モーメントである．合成区間と非合成区間の接続部2–3–3′では，たわみおよびたわみ角が連続するので

$$v_2 = v_{b1} = v_{a2}^c = v_{a2}^s \tag{5.53}$$

$$\theta_2 = \theta_{b1} = \theta_{a2}^c = \theta_{a2}^s \tag{5.54}$$

$$u_{a2}^c = y_c\theta_2, \quad u_{a2}^s = -y_s\theta_2 \tag{5.55}$$

次に，節点2の非合成区間の材端力(**図5.17** 参照．ここで，×は上からコンクリート断面，合成断面ならびに鋼断面の重心位置を示す)はつり合い条件 $N_{a2}^c+N_{a2}^s=0$，より，次の関係をもつ．

$$V_{a2} = V_{a2}^c + V_{a2}^s, \quad M_{a2} = M_{a2}^c + M_{a2}^s + (y_c+y_s)N_{a2}^c \tag{5.56}$$

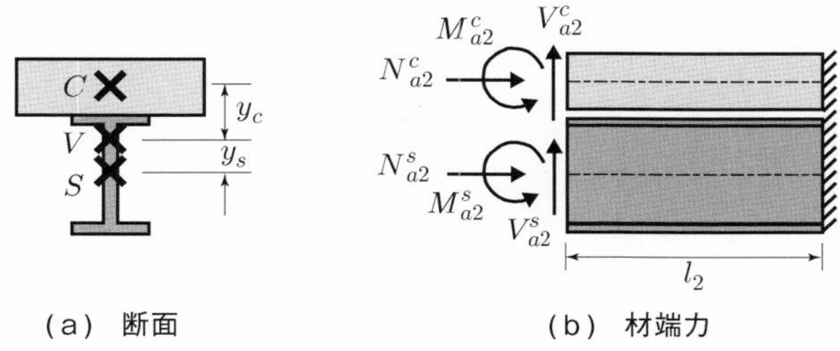

（a） 断面　　（b） 材端力

図 5.17 非合成区間の材端力

今，$\boldsymbol{u}_2 = \begin{bmatrix} v_2 & \theta_2 \end{bmatrix}^T$，$\boldsymbol{P}_{a2} = \begin{bmatrix} V_{a2} & M_{a2} \end{bmatrix}^T$，とおけば，

$$\boldsymbol{P}_{a2} = \boldsymbol{K}_2 \cdot \boldsymbol{u}_2 \tag{5.57}$$

となる．ここに，

$$\boldsymbol{K}_2 = \frac{1}{l_2^3} \begin{bmatrix} 12\overline{EI} & 6l_2\overline{EI} \\ 6l_2\overline{EI} & 4l_2^2\left(\overline{EI} + \overline{E_cA_c}\right) \end{bmatrix} \tag{5.58}$$

となり，ここに，$\overline{EI} = E_cI_c + E_sI_s$，$\overline{E_cA_c} = E_cA_c \cdot y_c(y_c + y_s)$ とおいている．

式 (5.50) での剛性行列と荷重ベクトルは以下の式となる．

$$\boldsymbol{K}_1 = \frac{3E_sI_v}{l_1^3} \begin{bmatrix} 1 & -l_1 \\ -l_1 & l_1^2 \end{bmatrix} \tag{5.59}$$

$$\boldsymbol{p}_1 = \frac{p_0 l_1}{8} \begin{bmatrix} 5 \\ -l_1 \end{bmatrix} \tag{5.60}$$

節点 2 での部材 1 および 2 の材端力のつりあい条件は，次の連立 1 次方程式で表せる．

$$[\boldsymbol{K}_1 + \boldsymbol{K}_2] \cdot \boldsymbol{u}_2 = -\boldsymbol{p}_1 \tag{5.61}$$

上式より，$\mathbf{u}_2$ を決定し，式 (5.50) および (5.51)，ならびに式 (5.53)〜(5.55) より，各部材の材端力が求められる．

計算例として，左右の径間長：$l = 10 \times 10^3$ mm，合成区間長：$l_1 = (1-\alpha)l$，非合成区間長：$l_2 = \alpha l$，合成区間の等分布荷重強度：$p_0 = 1$ N/mm とする．断面形および断面特性は，例題 5.1 の図 5.6 (b) と同じであるとし，非合成区間長比 $\alpha = 0.1$ の場合，中間支点上の断面内応力分布について，完全合成桁と断続合成桁を比較してみると，**図 5.18** の結果を得る．

中間支点近傍の 1/10 区間を非合成にすることによって，床版応力 (引張を正) を約 50 %減少させることができることがわかる．

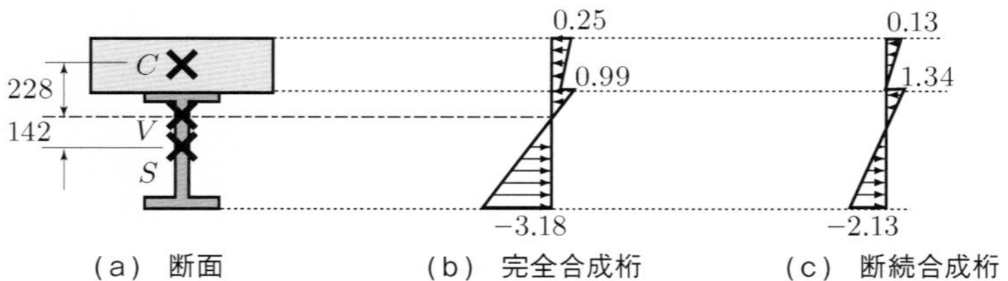

図 5.18 中間支点上断面での応力分布 (応力の単位：$\mathbf{N/mm^2}$)

5.2.5 有 効 幅

前述の合成はりや合成桁断面では，コンクリート床版の応力 (フランジ応力という) は幅方向に一様であると仮定して取り扱ってきた．したがって，**図 5.19** の合成桁橋のように，コンクリート床版が複数の縦桁で支持されている場合は，着目する桁のフランジ幅の取り方が問題になる．もし，桁間隔が十分に広いと，フランジ応力 $\sigma(y)$ は幅方向に一様でなく，桁との取り付け部より，桁間中央部の方が小さくなることが知られている．このような現象を**シアラグ** (shear lag) とよんでいる．フランジ応力を一様とし，1 本の桁を T 形桁と見なしたときのフランジ幅を**有効幅** (effective width) とよぶ．

たとえば，図 5.19 の左右の桁が同一断面で対称に配置されているとすれば，有効幅は以下のようになる．

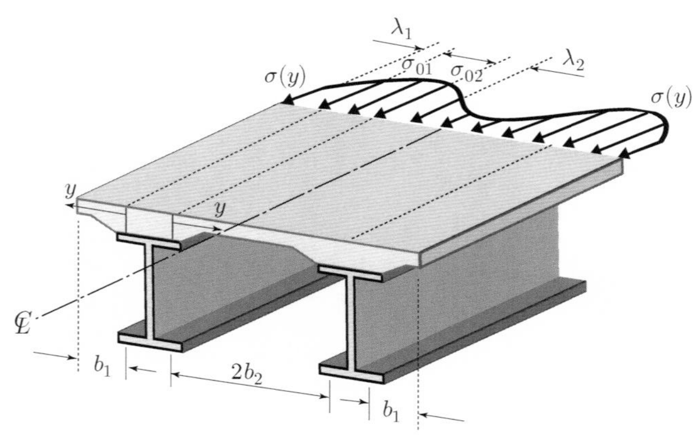

図 5.19 シアラグと有効幅

（1） 張り出し部フランジの有効幅 λ_1

$$\lambda_1 = \frac{\displaystyle\int_0^{b_1} \sigma(y)dy}{\sigma_{01}} \tag{5.62}$$

（2） 桁間部フランジの有効幅 λ_2

$$\lambda_2 = \frac{\displaystyle\int_0^{b_2} \sigma(y)dy}{\sigma_{02}} \tag{5.63}$$

ここに，b_1 および $2b_2$ は張り出し長と桁間長で，σ_{01} および σ_{02} は張り出し部および桁間部と桁との取り付け部のフランジ応力である．

シアラグの解析は面内力を受ける弾性板理論 (シャイベ理論ともよばれている) に頼らねばならない．最も基本的な問題は，**図 5.20** に示すような，無限長のフランジ幅をもつ長方形断面はりが曲げモーメント受ける場合であり，この問題は T. v. Kármán (1923)[61] によって最初に解かれた．

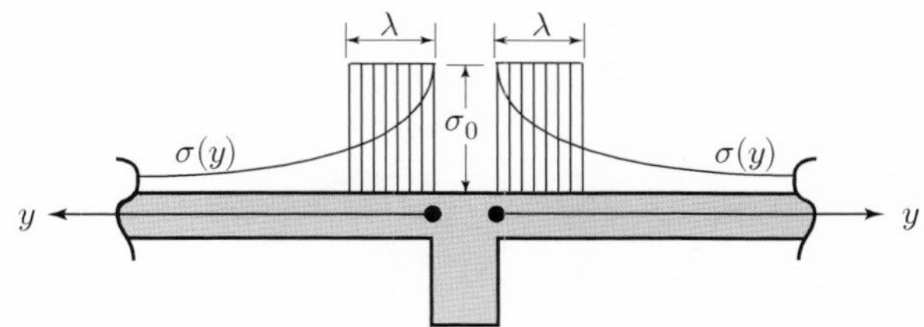

図 5.20 無限長張り出しフランジの有効幅

この場合の式 (5.62) の相当する**有効幅**の定義は

$$\lambda = \frac{\displaystyle\int_0^{\infty} \sigma(y)dy}{\sigma_0} \tag{5.64}$$

で，λ は荷重条件やはりの支持条件によって異なるが，スパン長 l の単純はりが中央集中荷重を受ける場合は，荷重点での有効幅は以下のように求められている．

$$2\lambda = 0.85\ \frac{4l}{\pi\left(3 + 2\nu - \nu^2\right)} \tag{5.65}$$

ここに，ν はポアソン比である．

なお，有限長のフランジ幅や桁間隔をもつ合成桁橋に対する設計のための有効幅は，道路橋示方書[60] などの各種設計基準で与えられている．

5.3 合成はりまたは合成桁の塑性理論

5.3.1 終局曲げ強度

コンクリート床版と鋼桁からなる合成桁断面の弾塑性曲げ強度を算定するには，コンクリートおよび鋼の応力－ひずみ関係が必要になる．**図 5.21** はコンクリートおよび鋼における代表的な**応力–ひずみ曲線**である．

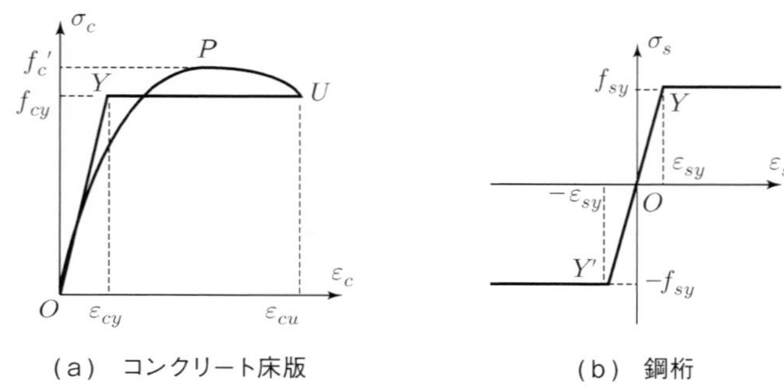

（a） コンクリート床版　　（b） 鋼桁

図 5.21 応力–ひずみ曲線

コンクリートの圧縮応力 σ_c と圧縮ひずみ ε_c の関係は，図 5.21(a) の曲線 O–P–U に示すように，応力の小さい領域ではほぼ線形と見なせるが，応力の高い領域では非線形になり，**ピーク強度**を過ぎて降下領域に入り，その後，コンクリートは圧壊するといわれている．ここでは計算の簡便化のために，2 本の直線 O–Y および Y–U で応力–ひずみ曲線を表し，**見かけ降伏応力**を f_{cy}，**終局圧縮ひずみ**を ε_{cu} とする．なお，設計のためのコンクリートの応力・ひずみ曲線は種々提案されている．たとえば，土木学会コンクリート標準示方書[62]では，f_c' に材料安全率 k_c(ただし $k_c < 1$) を掛けた**設計強度** f_{cd} $(= k_c f_c')$ までは 2 次放物線で与え，その後は，ε_{cu} (ただし，f_{cd} に応じて $0.0025 \leq \varepsilon_{cu} \leq 0.0035$) まで一定の強度 f_{cd} を持続させた曲線を用いている．

一方，鋼の応力–ひずみ曲線は，図 5.21 (b) に示すような 3 本の直線で表し，降伏後は一定応力 f_{sy} を持続し，終局限界ひずみを設けないのが一般的である．

ところで，**図 5.22** (a) の合成断面が曲げモーメントを受ける場合の断面内のひずみ分布と応力分布を調べてみる．ここでは，コンクリート床版と鋼桁上フランジの界面のずれの影響を無視し，完全合成理論が適用できるものとする．図 5.22 (b) に示すように，コンクリート床版および鋼桁のひずみが小さく，図 5.21 (a) の線形領域 O–Y および Y'–O–Y にある場合には，曲げモーメントと曲率 ϕ_x の間には以下に示すような線形関係が成立する．

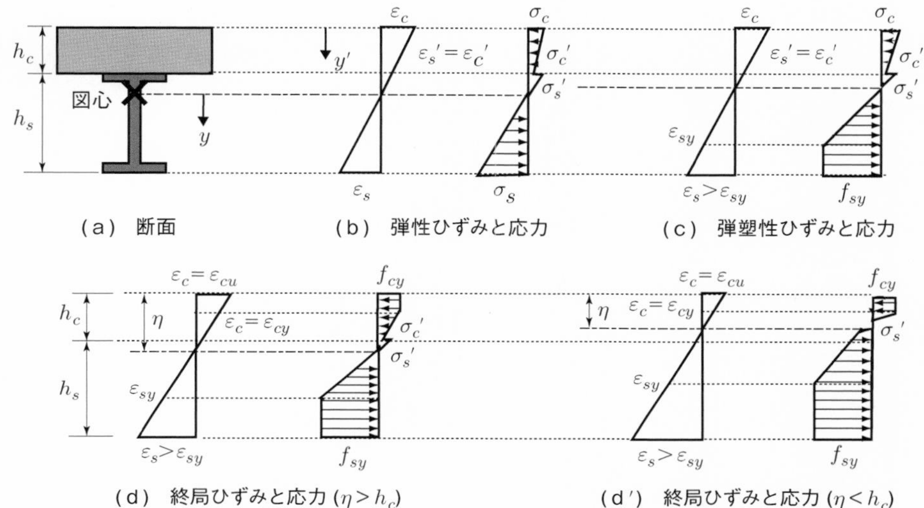

図 5.22 弾性，弾塑性および終局曲げ状態

$$M_x = E_s I_v \cdot \phi_x \tag{5.66}$$

ここに，E_s は鋼桁の弾性係数，I_v は合成断面の図心をとおる水平軸に関する鋼に換算した断面 2 次モーメントである．また，コンクリート床版の弾性係数を E_c とし，$n = E_c/E_s$ とすれば，合成断面内の曲げ応力は以下のように与えられる．

コンクリート床版断面では，

$$\sigma_c = E_c \varepsilon_c = E_c \phi_x y = n\frac{M_x}{I_v}y \tag{5.67}$$

鋼桁断面では，

$$\sigma_s = E_s \varepsilon_s = E_s \phi_x y = \frac{M_x}{I_v}y \tag{5.68}$$

ここに，y は合成断面の図心からの距離 (下方を正とする) であり，応力およびひずみは引張を正としている．式 (5.66) による M_x と ϕ_x の関係を図示すれば，**図 5.23** の直線 O–Y のようになり，式 (5.67) および式 (5.68) に基づく断面内のひずみ分布および応力分布は図 5.22(b) のようになる．

次に，曲げモーメントが増加するにつれて曲率も増加し，図 5.22(c) に示すように，鋼桁断面の下縁部のひずみが図 5.21 (b) の降伏ひずみ ε_{sy} を超え，塑性領域に入ると応力は一定値 f_{sy} になり，中立軸の位置は移動し，断面内の応力分布は図 5.22 (c) のようになる．さらに，曲率が増加しつづけると，コンクリート床版の上縁も弾性限界ひずみ (図 5.21 (a) の ε_{cy}) を超え，コンクリート床版の一部が一定応力 f_{cy} になり，

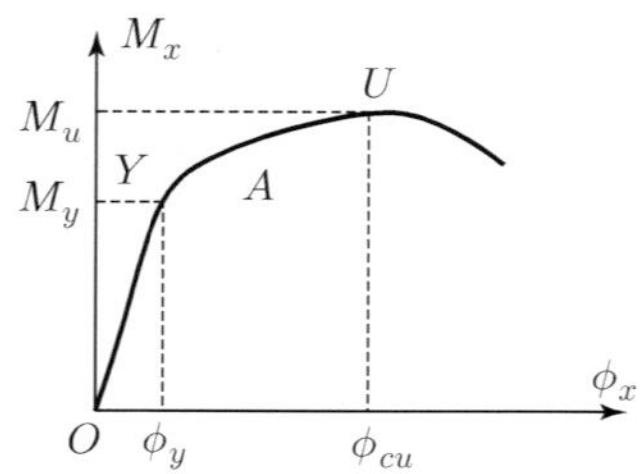

図 5.23 曲げモーメント－曲率関係

この状態を経過した後，コンクリート床版の上縁のひずみ ε_c が終局限界ひずみ ε_{cu} になったときに，曲げモーメントがピーク値 M_u に到達する．その後はコンクリート床版の上縁で圧壊が起こり，曲げモーメントが減少するという過程をたどる．

以上に示した弾塑性状態から終局状態に至る過程でのひずみ分布および応力分布は，図 5.22 (c)〜(d′) のようになり，それらに対応して M_x と ϕ_x の関係は，図 5.23 の曲線 Y–A–U のようになる．

ところで，図 5.23 のピークモーメント M_u を**終局モーメント**とよび，この値は，終局時の**中立軸**が鋼桁断面内にあるかコンクリート床版断面内にあるかに依存して，図 5.22 (d) または (d′) の応力分布から決定できる．

すなわち，終局時の曲率 (**終局曲率**とよぶ) を以下のように表す．

$$\phi_{cu} = \frac{\varepsilon_{cu}}{\eta} \tag{5.69}$$

ここに，η はコンクリート床版断面の上縁から中立軸までの距離である．すると，終局時の合成断面内のひずみは以下のように表せる．

$$\varepsilon_x = \phi_{cu}(y' - \eta) \tag{5.70}$$

ここに，y' はコンクリート床版の上縁からの距離 (下方を正にとる) であり，ひずみは引張を正としている．

次に，コンクリート床版および鋼桁の応力－ひずみ関係をそれぞれ以下のように表示する．すなわち，コンクリート床版断面では，図 5.21 (a) を参照して，

$$\sigma_c = g_c(\varepsilon_c) \tag{5.71}$$

ここに，応力は引張を正とし，

$$\left.\begin{aligned} &\varepsilon_c \geq 0 \text{ では，} g_c(\varepsilon_c) = 0 \\ &0 \geq \varepsilon_c \geq -\varepsilon_{cy} \text{ では，} g_c(\varepsilon_c) = E_c\varepsilon_c \\ &-\varepsilon_{cy} \geq \varepsilon_c \geq -\varepsilon_{cu} \text{ では，} g_c(\varepsilon_c) = -f_{cy} \end{aligned}\right\} \tag{5.72}$$

ただし，$f_{cy}=\alpha f_c'$，f_c' はピーク強度，α は低減係数である，

鋼桁断面では，図 5.21 (b) を参照して，

$$\sigma_s = g_s(\varepsilon_s) \tag{5.73}$$

ここに，

$$\left.\begin{aligned} &\varepsilon_s < -\varepsilon_{sy}\text{では，}g_s(\varepsilon_s) = -f_{sy} \\ &-\varepsilon_{sy} \le \varepsilon_s \le \varepsilon_{sy}\text{では，}g_s(\varepsilon_s) = E_s\varepsilon_s \\ &\varepsilon_s > \varepsilon_{sy}\text{では，}g_s(\varepsilon_s) = f_{sy} \end{aligned}\right\} \tag{5.74}$$

合成断面には軸力が作用していなければ，次の関係を得る．

$$N = \int_{A_s} \sigma_s\, dA_s + \int_{A_c} \sigma_c\, dA_c = 0 \tag{5.75}$$

$$M_u = \int_{A_s} \sigma_s(y'-\eta)dA_s + \int_{A_c} \sigma_c(y'-\eta)\, dA_c \tag{5.76}$$

ここに，A_s，A_c はそれぞれ鋼桁およびコンクリート床版の各断面を意味し，合成断面内の y' の位置でのコンクリート床版および鋼桁の断面幅をそれぞれ $b_{cy'}$，$b_{sy'}$ とすれば，式 (5.71) および式 (5.73) より，

$$N = \int_0^{h_c} g_c(\varepsilon_c)b_{cy'}\, dy' + \int_{h_c}^{\bar{h}} g_s(\varepsilon_s)b_{sy'}dy' = 0 \tag{5.77}$$

$$M_u = \int_0^{h_c} g_c(\varepsilon_c)(y'-\eta)b_{cy'}\, dy' + \int_{h_c}^{\bar{h}} g_s(\varepsilon_s)(y'-\eta)b_{sy'}\, dy' \tag{5.78}$$

となる．ここに，$\bar{h} = h_c + h_s$ である．

終局時では，式 (5.69) および式 (5.70) より，

$$\varepsilon_c = \phi_{xu}(y'-\eta) = \frac{y'-\eta}{\eta}\varepsilon_{cu},\quad \text{ただし}\quad 0 < y' \le h_c \tag{5.79}$$

$$\varepsilon_s = \phi_{xu}(y'-\eta) = \frac{y'-\eta}{\eta}\varepsilon_{cu},\quad \text{ただし}\quad h_c < y' \le \bar{h} \tag{5.80}$$

となる．式 (5.77) および式 (5.78) の中の積分を数値積分により実行すれば，式 (5.77) は η に関する非線形代数式を与えるので，反復・収束計算により $N=0$ を満足する η を決定した後に，式 (5.78) に代入し，終局モーメント M_u を決定することができる．

例題 5.4　例題 5.1 における図 5.6 (b) と同じ合成断面 (**図 5.24** (a) に再掲) の終局モーメント M_u を求めよ．ただしコンクリート床版および鋼桁の材料定数は，$f_{cy}=0.85f_c'$，$f_c'=30\ \mathrm{N/mm^2}$，$\varepsilon_{cy}=1500\times10^{-6}$，$\varepsilon_{cu}=3500\times10^{-6}$，$E_c=$

$f_{cy}/\varepsilon_{cy} = 1.7 \times 10^4$ N/mm^2，$f_{sy} = 300$ N/mm^2，$\varepsilon_{sy} = f_{sy}/E_s = 1500 \times 10^{-6}$，$E_s = 2.0 \times 10^5$ N/mm^2 とする．

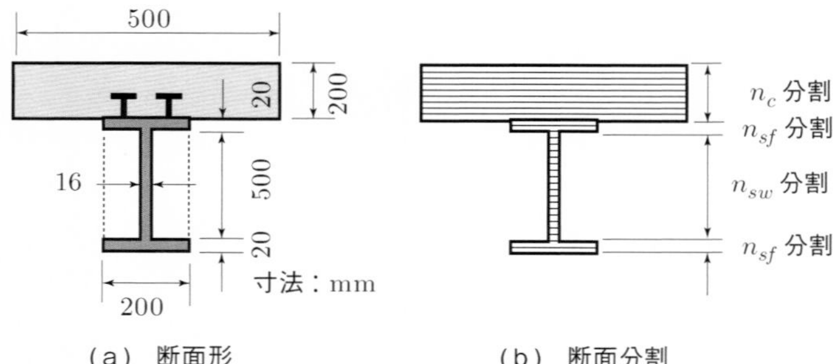

図 5.24　合成桁の断面形と断面分割

解答　数値積分のための**断面分割**は，図 5.24 (b) に示すように，コンクリート床版は n_c 分割，鋼桁の上下フランジはそれぞれ n_{sf} 分割，鋼桁のウエブは n_{sw} 分割とすると，式 (5.77) は次式を与える．

$$N = 500 \times \sum_{i=1}^{n_c+1} \alpha_i g_c(\varepsilon_{ci})\Delta h_c + 200 \times \sum_{j=1}^{n_{sf}+1} \alpha_j g_s(\varepsilon_{sj})\Delta h_{sf}$$

$$+ 16 \times \sum_{l=1}^{n_{sw}} \alpha_l g_s(\varepsilon_{sl})\Delta h_{sw} + 200 \times \sum_{k=1}^{n_{sf}+1} \alpha_k g_s(\varepsilon_{sk})\Delta h_{sk} = 0 \qquad (5.81)$$

ここに，ε_{ci}，ε_{sj}，ε_{sl}，ε_{sk} はそれぞれコンクリート床版，鋼桁上フランジ，ウエブ，下フランジのひずみで式 (5.79) および式 (5.80) で与えられ，Δh_c，Δh_{sf}，Δh_{sw}，Δh_{sk} はそれぞれの分割区間長，α_i，α_j，α_l，α_k は数値積分における重み係数である．たとえば，$n_c = 5$，$n_{sf} = 1$，$n_{sw} = 10$ とし，台形公式を利用すれば，

$$\Delta h_c = 200/n_c,\quad i = 1, n_c + 1 \text{ で } \alpha_i = 0.5\,;\quad i = 2, 3, \cdots, n_c \text{ で } \alpha_i = 1.0$$

$\Delta h_{sf} = \Delta h_{sk} = 20$，$j = 1, 2, k = 1, 2$ で $\alpha_j = \alpha_k = 0.5$，$\Delta h_{sw} = 500/n_{sw}$，$l = 1, n_{sw} + 1$ で，$\alpha_l = 0.5$，$l = 2, 3, \cdots, n_{sw}$ で $\alpha_l = 1.0$ となる．

式 (5.81) により，N と η の関係を求めれば図 **5.25** を得，$\eta = 222$ mm で $N = 0$ をほぼ満足していることがわかる．したがって，$\eta = 222$ mm を用い，式 (5.81) と同様の数値積分法を用い，式 (5.78) によって M_u が以下のように算定できる．

$$M_u = 500 \times \sum_{i=1}^{n_c+1} \alpha_i g_c(\varepsilon_{ci})(y'_i - \eta)\Delta h_c + 200 \times \sum_{j=1}^{n_{sf}+1} \alpha_j g_s(\varepsilon_{sj})(y'_j - \eta)\Delta h_{sf}$$

$$+ 16 \times \sum_{l=1}^{n_{sw}} \alpha_l g_s(\varepsilon_{sl})(y'_l - \eta)\Delta h_{sw} + 200 \times \sum_{k=1}^{n_{sf}+1} \alpha_k g_s(\varepsilon_{sk})(y'_k - \eta)\Delta h_{sk} \qquad (5.82)$$

ここに，y'_c, y'_j, y'_l, y'_k はコンクリート床版上縁からそれぞれの分割点までの距離で，数値計算の結果，$M_u = 1.23$ MN·m を得る．

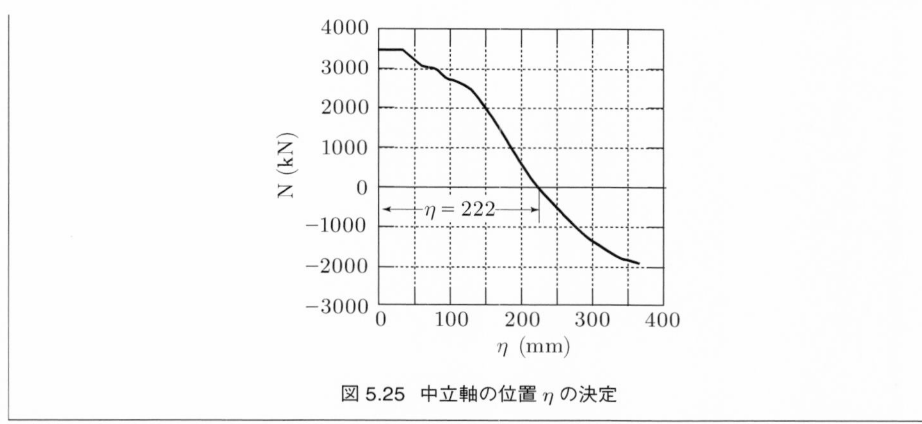

図 5.25 中立軸の位置 η の決定

5.3.2 簡易計算法

式 (5.77) および式 (5.78) の数値積分を行う方法は，図 5.21(a) のコンクリートの応力–ひずみ曲線が非線形であっても容易に取り扱えるので，汎用性のある方法であるが少々煩雑である．そこで，より簡便な方法として終局時の断面内応力分布を長方形 (**ストレスブロック**とよぶ) で近似した方法が慣用されている．この方法には，**図 5.26** に示すように，コンクリート断面のみをストレスブロックで表す方法と，**図 5.27** に示すように，コンクリート断面と鋼断面の双方をストレスブロックで表す方法がある．

前者は，一般に RC 断面の終局モーメントの算定に用いられている方法であり，鋼断面は弾塑性状態にあり，式 (5.77) および式 (5.78) の右辺でのコンクリート床版の項が以下のように簡易化できる．

$$N = h_c' B_c f_{cy} + \int_{h_c}^{\bar{h}} g_s(\varepsilon_s) b_{sy'} \, dy' = 0 \tag{5.83}$$

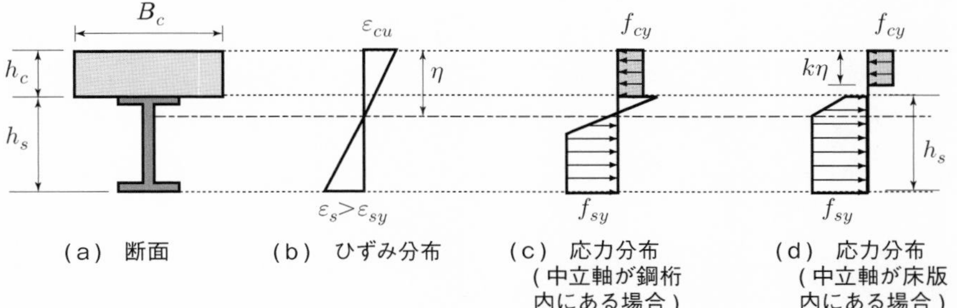

図 5.26 コンクリート断面のストレスブロック

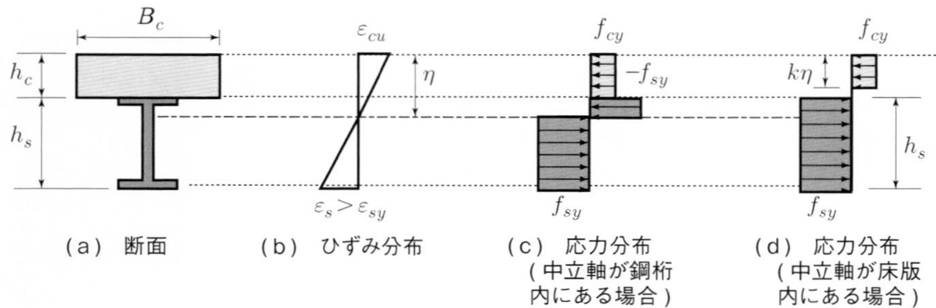

図 5.27 コンクリートおよび鋼桁断面のストレスブロック

$$M_u = h'_c B_c(0.5h'_c - \eta) f_{cy} + \int_{\eta}^{\bar{h}} g_s(\varepsilon_s)(y' - \eta) b_{sy'}\, dy' \tag{5.84}$$

ここに，B_c はコンクリート床版幅，h'_c はコンクリート床版断面のストレスブロックの深さである．中立軸が鋼桁断面内にある場合は，$h'_c = h_c$．ここに h_c は床版厚，中立軸がコンクリート床版断面内にある場合 ($\eta \le h_c$) は，$h'_c = k\eta$．ここに k は係数で，通常，0.8 が用いられている．

一方，後者では，コンクリート床版の上縁のひずみが終局圧縮ひずみ ε_{cu} に達するときには，鋼桁のひずみは全域で降伏ひずみ ε_{sy} より大きくなっていると仮定しており，中立軸付近のひずみ分布と応力分布が必ずしも整合していないが，近似的な取り扱いの一つとして提案されている．

すなわち，中立軸が鋼桁内にある場合 (図 5.27 (c) 参照)，コンクリート床版断面の圧縮力を N_c，中立軸より上にある鋼桁断面の圧縮力 N'_s，中立軸より下方にある鋼桁断面の引張力を N_s とすれば，合成断面には曲げモーメント M_u のみが作用している場合の条件は

$$\sum N = N_s - N'_s - N_c = 0 \tag{5.85}$$

$$M_u = N_c y_c + N'_s y'_s - N_s y_s \tag{5.86}$$

となる．軸力のない場合は，曲げモーメントの算定には着目位置の影響がないので，ここでは，y_c，y'_s，y_s は，鋼桁断面の図心からそれぞれコンクリート床版断面の図心，鋼桁断面の圧縮域の図心，鋼桁断面の引張域の図心までの距離とする．床版コンクリートの見かけ降伏応力 (弾性限界強度) を $f_{cy} = \alpha f'_c$，ここに，f'_c は圧縮強度，α は低減係数で，たとえば $\alpha = 0.85$，鋼桁の降伏応力を f_{sy} とし，床版上縁から中立軸までの距離を η とすれば，

$$N_c = A_c f_{cy}, \quad N'_s = A_{sc} f_{sy}, \quad N_s = A_{ss} f_{sy} \tag{5.87}$$

となる．ここに，A_c，A_{sc}，A_{ss} はそれぞれコンクリート床版断面積，中立軸より上方の鋼桁断面積，および中立軸より下方の鋼桁断面積である．したがって，式 (5.86) は

$$M_u = A_c y_c f_{cy} + A_{sc} y'_s f_{sy} + A_{ss} y_s f_{sy} \tag{5.88}$$

となり，式 (5.85) の $\sum N = 0$ を満足する η の値を決定した後，式 (5.86) により，終局モーメント M_u が決定できる．

次に，中立軸がコンクリート床版断面内にある場合 $(\eta > h_c)$ は断面内の応力分布は図 5.27 (d) のようになる．この場合，式 (5.85) および (5.86) において，$N'_s = 0$ となり，コンクリート床版断面積の一部である，$A'_c = k\eta B_c$，のみで圧縮力に抵抗する．なお，η の決定と，M_u の算定は，前者と同じである．

例題 5.5 例題 5.4 と同じ問題を，コンクリート断面と鋼断面の双方にストレスブロックを適用した方法により解き，例題 5.4 の結果と比較せよ．

解答 床版断面積：$A_c = 500 \times 200 = 1.0 \times 10^5$ mm^2，鋼桁断面積：$A_s = 2 \times 200 \times 20 + 500 \times 16 = 1.6 \times 10^4$ mm^2 である．最初に，$\eta = h_c = 200$ mm と仮定すれば，$N_c = \alpha f'_c A_c = 0.85 \times 30 \times 10^5 = 2.55 \times 10^6$ N，$N_s = f_{sy} A_s = 300 \times 1.6 \times 10^4 = 4.8 \times 10^6$ N で，$N_s > N_c$ であるので，$\eta > h_c$，すなわち図 5.27 (c) の場合になる．

次に，中立軸が鋼桁ウエブ内にあると仮定し，$N'_s = f_{sy} A_{sc} = 300 \times \left[200 \times 20 + (\eta - 220) \times 16\right] = 1.44 \times 10^5 + 4.8 \times 10^3 \eta$，$N_s = f_{sy} A_{ss} = 300 \times \left[200 \times 20 + (740 - \eta) \times 16\right] = 4.75 \times 10^6 - 4.8 \times 10^3 \eta$ となる．式 (5.85) より，$\sum N = 4.75 \times 10^6 - 2.55 \times 10^6 - 1.44 \times 10^5 - 2 \times 4.8 \times 10^3 \eta = 0$，よって $\eta = 214$ mm となり，中立軸は鋼桁上フランジ内にあることがわかる．したがって，再度，反復計算し，

$$N'_s = 300 \times 200 \times (\eta - 200) = 6 \times 10^4 \eta - 1.2 \times 10^7$$

$$\begin{aligned} N_s &= 300 \times 200 \times (220 - \eta) + 300 \times (500 \times 16 + 200 \times 20) \\ &= -6 \times 10^4 \eta + 1.68 \times 10^7 \end{aligned}$$

となる．よって，$\sum N = 1.68 \times 10^7 - 2.55 \times 10^6 + 1.2 \times 10^7 - 2 \times 6 \times 10^4 \eta = 0$，より，$\eta = 219$ mm となり，中立軸は鋼桁上フランジ内にあることがわかる．

したがって，$A_{sc} = 200 \times 19 = 3.8 \times 10^3$ mm^2，$A_{ss} = 200 \times 1 + 500 \times 16 + 200 \times 20 = 1.22 \times 10^4$ mm^2，となり，$N_c = 2.55 \times 10^6$ N，$N'_s = 300 \times 3.8 \times 10^3 = 1.14 \times 10^6$ N，$N_s = 300 \times 1.22 \times 10^4 = 3.66 \times 10^6$ N，鋼桁の中心点から各断面の図心までの距離は，$y_c = 470 - 0.5 \times 200 = 370$ mm，$y'_s = 220 - 19/2 = 211$ mm，$y_s = (200 \times 1 \times 250 - 200 \times 20 \times 260)/(1.22 \times 10^4) = -81.2$ mm となり，式 (5.86) より $M_u = 2.55 \times 10^6 \times 370 + 300 \times (3.8 \times 10^3 \times 261 + 1.22 \times 10^4 \times 81.2) = 1.54 \times 10^9$ Nmm $=$ 1.54 MN·m となる．

例題 5.4 の解である $M_u = 1.23$ MN·m と比較すると，ストレスブロック法は過大な終局モーメントを与えているが，この理由は，ストレスブロック法では中立軸近傍の鋼桁断面も塑性域に入っているとし，鋼桁の強度を過大に評価していることによるものと推察される．

5.3.3 連続形式の合成桁の終局曲げ耐力

1） コンパクト断面とノンコンパクト断面

図 5.28 に示すように，鋼桁断面が曲げを受け全塑性状態になったときのモーメント M_p を**全塑性モーメント**とよび，以下のように与えられる．

$$M_p = Z_p \cdot f_{sy} \tag{5.89}$$

ここに，f_{sy} は降伏応力，Z_p は**塑性断面係数**で，図 5.28 (a) の断面に対しては，次式となる．

$$Z_p = \frac{f_{sy}}{4}\left[B_f(h_w + 2t_f)^2 - (B_f - t_w) \cdot h_w^2\right] \tag{5.90}$$

ここに，B_f はフランジ幅，h_w はウエブ高さ，t_f はフランジ厚，t_w はウエブ厚である．

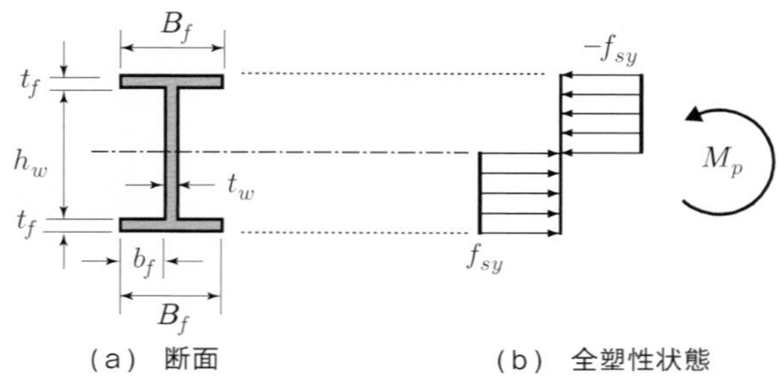

図 5.28 全塑性モーメント

すでに，第2章で述べたように，フランジの突出幅 b_f の板厚に対する比 b_f/t_f やウエブ高さの板厚に対する比 h_w/t_w を幅厚比とよび，式 (5.89) の M_p が発揮するのは，幅厚比が小さく，局部座屈の影響を受けない "ずんぐり" した断面の場合である．

ところで欧州共同体の合成構造設計基準であるヨーロッパコード4 (EUROCODE 4)[63]では，鋼I桁や箱桁断面のモーメント M と曲率 ϕ の関係を幅厚比に応じて**図 5.29** のように分類している．①はひずみ硬化の影響で M_p を超え，**塑性ヒンジ**としての十分な回転能により**塑性崩壊メカニズム**が形成できる断面，②は M_p には到達するが，局部座屈により塑性ヒンジの回転能が制約される断面，③は断面の一部が降伏し，降伏モーメント M_y を超えるが，局部座屈により M_p に到達できない断面，④はスレンダーで，早期に局部座屈が発生し，M_y にも到達できない断面である．①と②を**コンパクト断面**，③と④を**ノンコンパクト断面**とよび，幅厚比との関係は，①の断面の幅厚比が最も小さく，ついで②，③の断面，そして④の断面の幅厚比が最も大きく，EUROCODE 4 では，それぞれの断面での幅厚比の範囲を規定している．

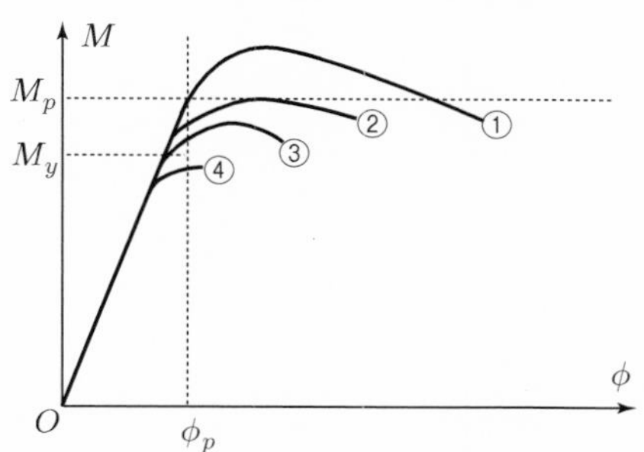

図 5.29 モーメント–曲率関係

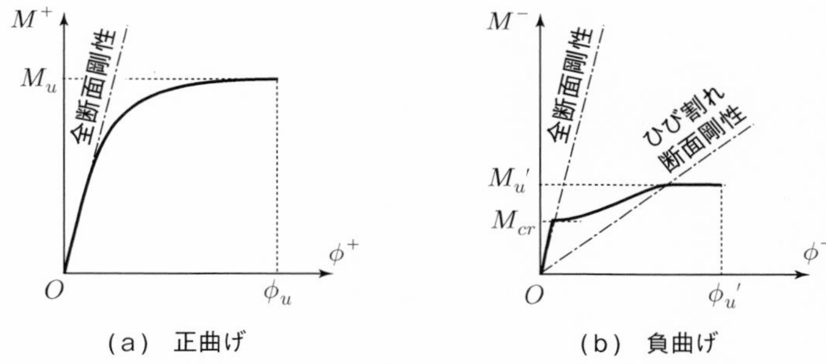

(a) 正曲げ　　(b) 負曲げ

図 5.30 合成桁断面のモーメント－曲率関係

図 5.30 は合成桁断面の正曲げおよび負曲げにおけるモーメント－曲率関係を示している．まず図 5.30 (a) に示す正曲げを受ける場合は，鋼桁の下縁から降伏域が広がり曲率 ϕ の増加につれてモーメント M が上昇し，終局モーメント M_u に到達するが，コンクリートフランジの上縁での終局圧縮ひずみ (図 5.21 (a) 参照) によって限界曲率 ϕ_u に達する．

一方，図 5.30 (b) に示す負曲げを受ける場合は，早期にコンクリートフランジにひび割れが発生し，その後は鋼桁とフランジ内の鉄筋で抵抗し，鋼桁がコンパクト断面であれば終局モーメント M_u' は，鋼桁と鉄筋断面を考慮した全塑性モーメントに到達するが，コンパクト断面でなければ鋼桁下縁フランジの局部座屈によって限界曲率 ϕ_u' が定まる．負曲げを受ける場合の曲げ剛性は，ひび割れ前，すなわち全断面有効時では正曲げの場合と同じであるが，ひび割れ発生後は徐々に低減し，コンクリート断面を無視した鋼断面のみの剛性に近づいていく．ひび割れ発生後の曲率の変化は鉄筋の付着作用によるコンクリートの引張分担特性に支配される．この特性は，一般に**テンション・スティフニング** (tension stiffening)，あるいは，**引張硬化**とよばれている．

2） 終局強度解析

ここでは，**図 5.31** (a) に示すような等分布荷重を受ける2径間**連続合成桁**を取り上げる．図 (b) に示すように，桁の左右の端支点から径間の一部の領域は正の曲げモーメントに支配されるが，中間支点付近では負の曲げモーメントが発生する．**負曲げモーメント**を受ける場合は，曲げモーメントが極く小さくひび割れ発生前では，コンクリート断面は全断面有効であり，鋼に換算した断面2次モーメントは，正の曲げモーメントを受ける領域と同一で，式 (5.66) が適用できる．

しかしながら，負曲げモーメントが増加するとコンクリート床版にはひび割れが発生し，終局モーメント時では，**図 5.32** (c) に示すように，コンクリート断面は抵抗できず，鋼桁断面とコンクリート床版断面内の鉄筋のみが抵抗する状態になり，合成断面の中立軸の位置は，全断面有効状態からコンクリートのひび割れとともに下方に移動する．

ところで，鋼桁は図 5.29 のコンパクト断面①を有し，鋼桁および鉄筋は図 5.21 (b) の応力–ひずみ曲線に従うものとすれば，コンクリート断面にひび割れが生じた合成断面の終局状態 (図 5.32 (d) 参照) での中立軸の位置 C' は，軸力がゼロの条件より，

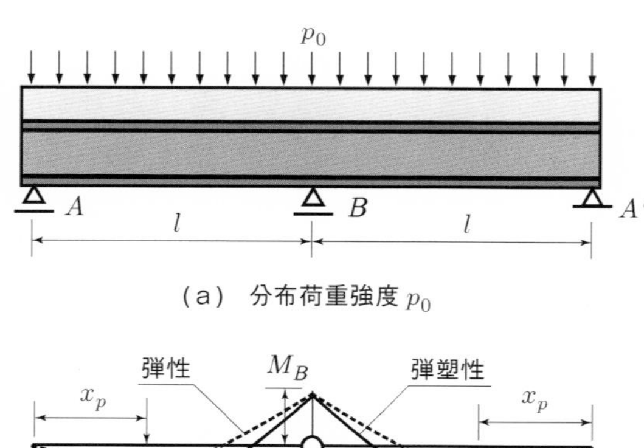

(a) 分布荷重強度 p_0

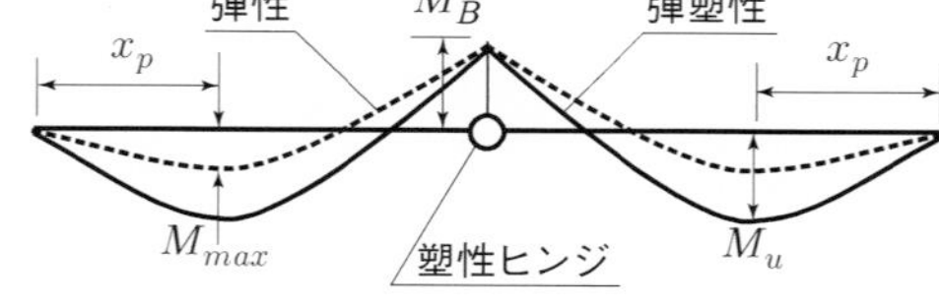

(b) 曲げモーメント分布

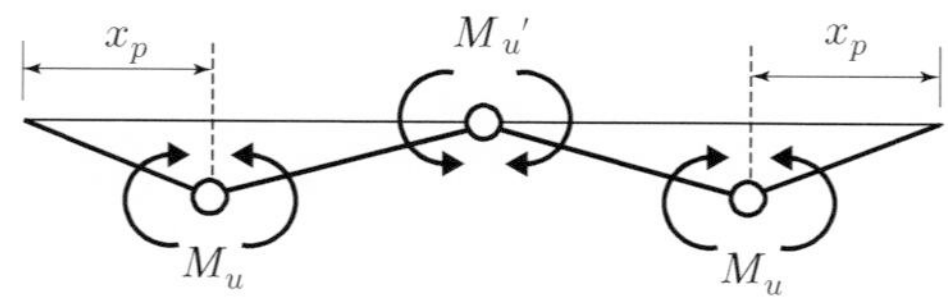

(c) 崩壊メカニズム

図 5.31 等分布荷重を受ける2径間連続合成桁

鋼桁と鉄筋の総断面積を2等分する位置になる．したがって，C' をとおる水平軸に関する鋼桁断面の引張領域および圧縮領域の断面1次モーメントをそれぞれ G_{st}，G_{sc} とし，鉄筋の断面積を A_{sR}，C' から鉄筋断面位置までの距離を y_R とすれば，負曲げの場合の終局モーメント M'_u は以下のように表せる．

$$M'_u = f_{sy}(G_{st} + G_{sc} + A_{sR} \cdot y_R) \tag{5.91}$$

なお，図5.21 (b) の応力–ひずみ曲線では，降伏後の応力は一定値 $\pm f_{sy}$ で，ひずみ限界はなく，無制限な塑性流れを許容しているので，図5.32 (d) の全塑性状態での M'_u に到達すれば，一定の M'_u の下で無制限な曲率が発生する，いわゆる**塑性ヒンジ**が形成される．

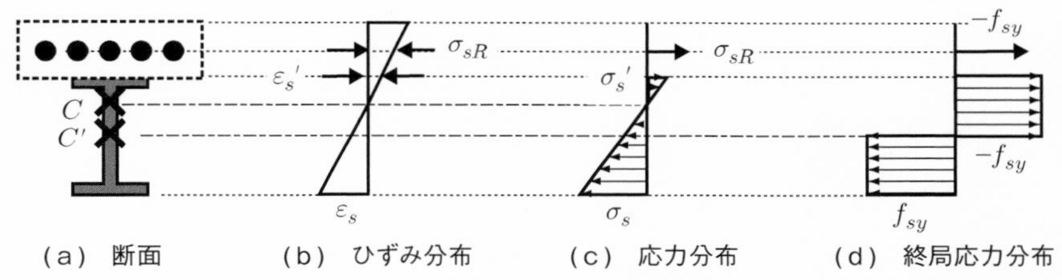

図5.32 負曲げモーメントを受ける合成断面のひずみおよび応力分布

ところで，図5.31 (a) の2径間連続合成桁が等断面とすれば，中間支点上の弾性曲げモーメント M_B は

$$M_B = -\frac{p_0 l^2}{8} \tag{5.92}$$

であり，左右支点から距離 x の位置の曲げモーメント M_x は

$$M_x = \frac{p_0}{2} x(l-x) + \frac{x}{l} \cdot M_B \tag{5.93}$$

である．それゆえ，最大値 $M_{\max}$ は，左右の端支点から $3l/8$ の位置にあり，

$$M_{\max} = \frac{9 p_0 l^2}{128} \tag{5.94}$$

となる．

一方，合成断面では，正の終局モーメント M_u は負の終局モーメント M'_u より大きくなるのが一般的であり，等分布荷重強度 p_0 をゼロから徐々に増加させたときには，中間支点上の曲げモーメント M_B が先に終局モーメント M'_u に到達し，さらなる荷重強度の増加分 Δp_0 に対しては，中間支点上に塑性ヒンジを有する桁として挙動する．そこでの正の曲げモーメントの増加分は

$$\Delta M_x = \frac{\Delta p_0}{2} \cdot x(l-x) \tag{5.95}$$

となる．したがって，$M_x + \Delta M_x$ の最大値が正の終局モーメント M_u に到達したときには正の塑性ヒンジが発生し，連続桁は図 5.31 (c) に示すような**崩壊メカニズム**を形成し，もはやこれ以上の荷重を支持できない状態 (構造系としての終局状態) になる．このときの**荷重強度** p_{0u}(終局荷重強度とよぶ) は，

$$\max_{0<x<l}\left[\frac{p_{0u}}{2}\cdot x(l-x)-\frac{x}{l}\cdot M'_u\right]=M_u \tag{5.96}$$

より，正の最大曲げモーメントの発生位置を x_p とし，以下のように決定できる．

$$M_u=\frac{p_{0u}}{2}\cdot x_p(l-x_p)-\frac{x_p}{l}\cdot M'_u \tag{5.97}$$

$$\frac{dM_u}{dx_p}=\frac{p_{0u}}{2}(l-2x_p)-\frac{1}{l}M'_u=0 \tag{5.98}$$

$$x_p=\frac{l}{2}-\frac{M'_u}{p_{0u}l}=0 \tag{5.99}$$

上の 2 式より x_p を消去すれば，p_{0u} に関する 2 次方程式

$$p_{ou}^2-\frac{8}{l^2}(M_u+\frac{M'_u}{2})\cdot p_{0u}+\frac{4M'^2_u}{l^4}\cdot=0 \tag{5.100}$$

を得，式 (5.92) より $p_{0u}>8M'_u/l^2$ の範囲での式 (5.100) の正根が終局荷重強度 p_{0u} を与える．たとえば，$l=10$ m，$M_u=20$ kN·m，$M'_u=10$ kN·m とすれば，$p_{0u}=1.98$ kN/m となる．

以上は，中間支点上の負の塑性ヒンジが先行する場合で，径間部の正の終局モーメント M_u が中間支点上の負の終局モーメント M'_u より著しく小さい場合 ($M_u<0.562M'_u$) には，正の塑性ヒンジが先行し，コンクリート断面の上縁での圧壊により，塑性回転能が発揮できなく，図 5.31 (c) のような崩壊メカニズムが形成できない．この場合には，式 (5.94) より，終局荷重強度は次式のようになる．

$$p_{0u}=\frac{128M_u}{9l^2} \tag{5.101}$$

ただし，$p_{0u}<8M'_u/l^2$ である．

5.3.4 モーメント再分配法

連続合成桁橋のような不静定合成構造の設計では，コンクリート断面のひび割れ発生による非線形特性が考慮されることが多い．前述の図 5.31 (c) のような崩壊メカニズムの形成まで許容した設計法は，一般に塑性設計法とよばれており，この設計法ではコンクリート断面のひび割れ幅に対する制限を設けていない．今日，一般的に用いられている限界状態設計法では，コンクリートのひび割れ幅制限を設けていることが多く，この場合にはひび割れを有するコンクリート断面の剛性変化を考慮した非線形

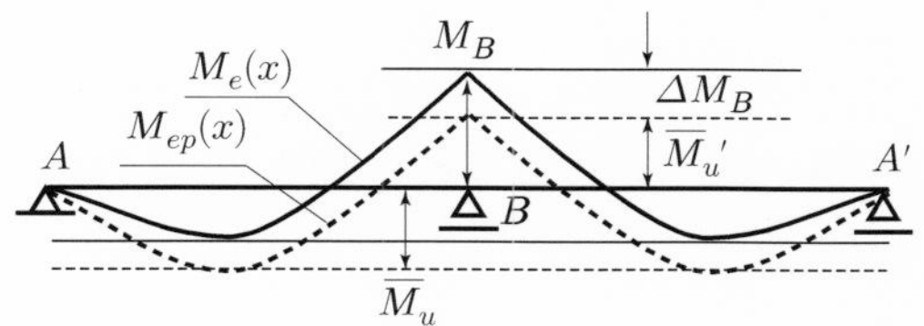

図 5.33 モーメント再配分と断面抵抗モーメント

解析が必要になる．

ところで，合成桁の曲げ設計とは，設計荷重の下で発生する最大曲げモーメントより抵抗曲げモーメントが大きい断面決定を行うことである．たとえば，図 5.31 (a) の 2 径間連続合成桁を例にとる．設計荷重下での弾性曲げモーメント分布形 $M_e(x)$ を**図 5.33** の実線で与えれば，中間支点上のコンクリート断面でひび割れを有する場合の曲げモーメントの分布形 $M_{ep}(x)$ は，図 5.33 の点線で示すように，$M_e(x)$ に比べて中間支点付近で減少し，径間部では増加するようになる．ここで，$M_e(x)$ と $M_{ep}(x)$ の差をモーメント再分配量とよんでいる．設計で許容される再配分量はひび割れを有するコンクリート断面の剛性に依存し，鉄筋量やひび割れ幅など多因子の影響を受け，すべての因子を考慮した解析は煩雑であるので，実用設計では，中間支点上の曲げモーメントの再配分比 $\Delta M_B/M_B$ の許容比率 (たとえば，15 %または 20 %など) を設定し，その比率内での曲げモーメント分布 $M_{ep}(x)$ を包含する正負の**断面抵抗モーメント** $\bar{M}_u$，$\bar{M}'_u$ を確保する手法がとられており，**モーメント再分配法**とよばれている．すなわち，

$$\bar{M}_u \geq \max M_{ep}(x), \quad \text{および} \quad \bar{M}'_u \geq \left|\min M_{ep}(x)\right| \tag{5.102}$$

である．なお，$\Delta M_B = 0$ が弾性設計に相当している．

5.4 合 成 柱

5.4.1 中心圧縮柱

第 1 章で述べたように，合成柱には**鉄骨鉄筋コンクリート** (SRC) 柱や**コンクリート充填鋼管** (CFT) 柱などがあるが，断面内の鋼材の配置が 2 軸対称であり，かつ断面中心をとおり軸線に沿った圧縮荷重を受ける場合には，終局耐力 N_{cu} は以下のように算定できる．

$$N_{cu} = f_{ck}A_c + f_{sy}A_s \tag{5.103}$$

ここに，A_c，A_s はそれぞれコンクリートおよび鋼の断面積，f_{sy} は鋼の降伏応力，f_{ck} はコンクリートの圧縮強度の設計用値で**図 5.34** の見かけ降伏応力 f_{cy} に相当し，通常，$f_{cy} = \alpha f'_c$，ただし f'_c はコンクリートの終局圧縮強度，α は低減係数 (一般には $\alpha = 0.8$〜0.85)，である．式 (5.103) はコンクリートと鋼材の終局強度の単純和を意味しており，コンクリートおよび鋼材は，双方の終局強度が十分に発揮できる塑性変形能を有していると仮定している．

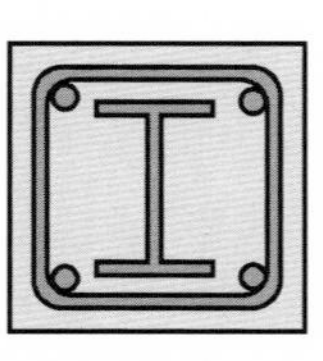

（a） SRC 断面

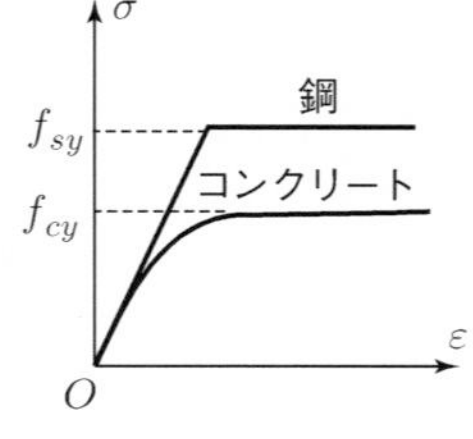

（b） 仮定した応力・ひずみ関係

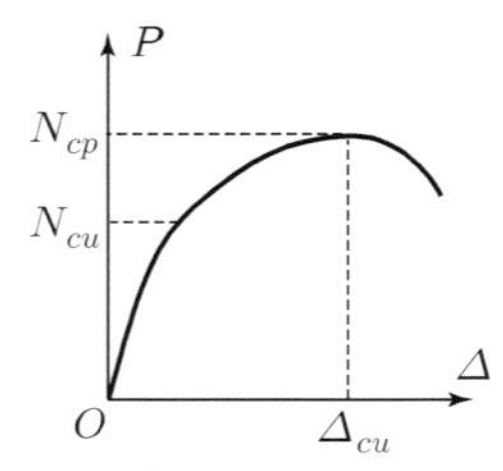

（c） 実際の柱の荷重・変位曲線

図 5.34　中心圧縮荷重を受ける合成柱の特性

中心圧縮荷重を受ける合成柱の実験における荷重 P と変形 Δ の関係は，図 5.34 (c) に示すように，ピーク強度 (終局耐力)N_{cp} が，式 (5.103) によるより大きくなることが一般的であり，これは帯鉄筋や鋼管によるコンクリートの拘束圧の影響 (コンファインド効果 (5.5.2 項にて詳述) とよぶ) によることが知られている．すなわち，1 軸圧縮を受けるコンクリートは破壊時直前に膨張を起こすが，この膨張を拘束する鋼材が十分にあれば，拘束応力の作用によりコンクリートは 3 軸圧縮状態になり，コンクリートは 1 軸圧縮強度 f'_c より大きな強度を発揮するようになる．

コンファインド効果は終局耐力時の**塑性変形能**にも大きく影響する．図 5.34 (c) に示すように，拘束鋼材が多いと終局耐力 N_{cp} が大きくなるとともに，変形量 Δ_{cu} も大きくなり，大きな塑性変形量を有するが，拘束鋼材量が少ないと，Δ_{cu} も小さくなり，ピーク強度後は急速に耐力が低下し，伸び能力の乏しい，いいかえれば脆性的な挙動を示すようになるので，地震時の**エネルギー吸収能**が要求される耐震部材に合成柱を適用する場合には，十分な拘束鋼材を配置する必要があるといえる．

5.4.2　軸力と曲げモーメントを受ける柱

1）　終局強度解析における鉄筋コンクリート (RC) 方式と累加強度方式

合成柱断面の**終局軸力** N_u や**終局モーメント** M_u を求める方法には，鉄筋コンクリート **(RC) 方式**と**累加強度方式**がある．前者は RC 部材の終局モーメントの解析法としてよく知られている“**平面保持の仮定**”に基づく解析法であり，終局状態においても鋼部材とコンクリートが完全に付着していると仮定している．すなわち，**図 5.35** (b) に示すように，コンクリートの圧縮限界ひずみ ε_{cu} の下で，曲げモーメントと軸力を受ける SRC 断面内のひずみ分布を平面保持の仮定に基づき線形とし，コンクリートおよび鋼材の応力分布は，それぞれの材料の 1 軸応力–ひずみ曲線に対応させる．ただし実用計算では，コンクリートの応力–ひずみ曲線を忠実 (図 5.35(c) 参照) に与えるのではなく，図 5.35 (d) に示すように，等価な長方形分布 (前掲の図 5.26 のストレスブロックに相当し，f_c' はコンクリートのピーク強度，α，k は係数) に置き換える方法が慣用されている．

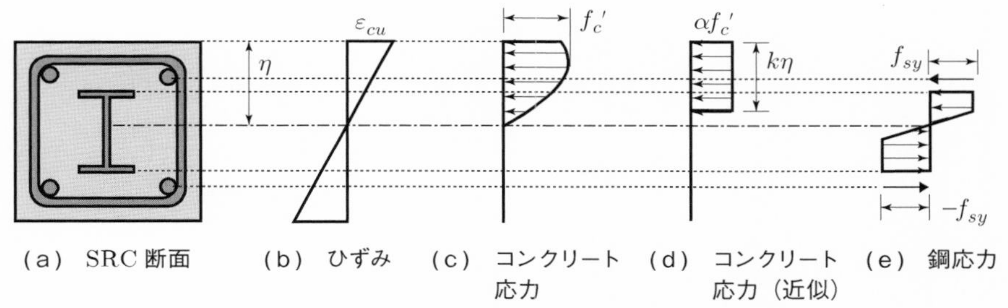

図 5.35 RC 方式によるひずみ分布と応力分布

一方，後者の**累加強度方式**は，終局状態において，鋼部材とコンクリートが独立して取り扱われている．すなわち，**図 5.36** に示すように，SRC 断面の終局強度を RC 部の終局強度と鋼部の終局強度との和で与えており，RC 断面の図心と鋼断面の図心が一致する場合には以下のように表す．

$$\left.\begin{aligned} M_u^{src} &= M_u^{rc} + M_u^s \\ N_u^{src} &= N_u^{rc} + N_u^s \end{aligned}\right\} \tag{5.104}$$

ここに，各記号の上添字はそれぞれ SRC，RC および S (鋼材) を意味しており，それぞれの強度は RC 方式と同様“平面保持の仮定”よって求めるが，RC 部と鋼部の変形

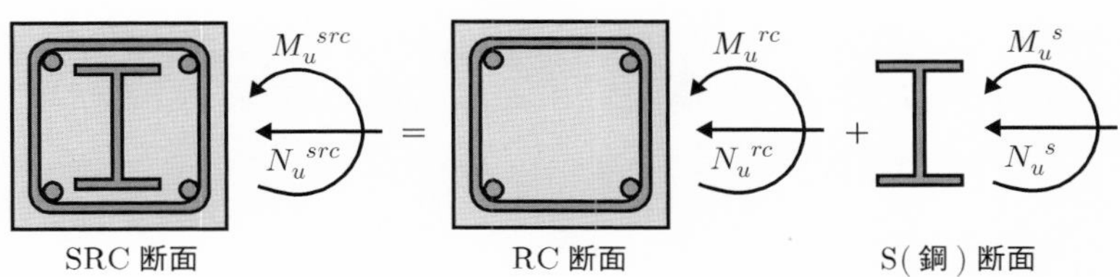

図 5.36 単純累加強度方式の考え方

適合条件は無視している．以下，RC 方式を最初に取り上げ，累加強度方式は 5.4.3 項で述べる．

2） 軸力と1軸曲げモーメントを受ける場合

ここでは，**図 5.37** (a) に示すような，長方形断面の SRC 柱が偏心圧縮荷重 N を受ける問題を取り上げる．

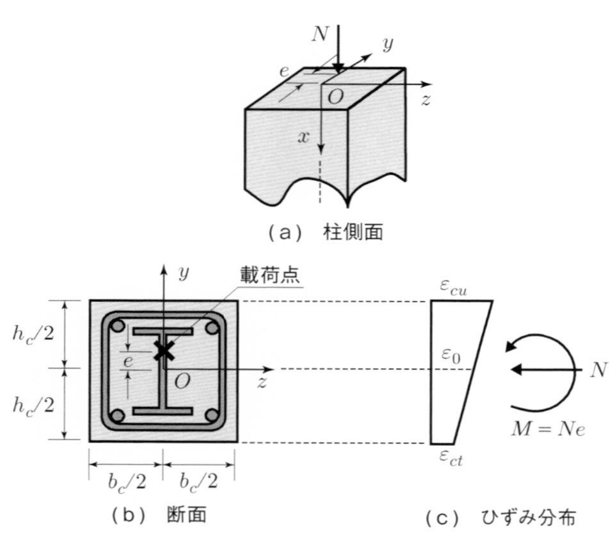

図 5.37 1軸偏心荷重を受ける合成柱

はりや柱部材を含む骨組構造の解析では，骨組線は部材断面の中心線を通るように選ぶのが一般的であるので，外力と内力 (断面力) とのつり合い条件の考慮により，断面内の応力解析でも断面中心に原点 O をとり断面主軸に沿った座標系 (O–z–y) を用いる．

ところで，断面内の鋼材の配置に対称性があり，対称軸上に軸力の作用点がある場合を1軸偏心載荷とよぶ．図 5.37 (a)，(b) に示すように，対称軸の一つである z 軸から偏心量 e の位置に軸力 N が作用する場合には，柱断面が中心に軸力と z 軸回りのモーメント $M = Ne$ を受ける問題となる．RC 方式の基本仮定である "平面保持の仮定" に従えば，1軸偏心荷重を受ける柱断面内の軸方向ひずみ ε_x の分布は以下のように表せる．

$$\varepsilon_x = \varepsilon_0 + \phi_z y \tag{5.105}$$

ここに，ε_0 は断面中心の軸方向ひずみ，ϕ_z は z 軸回りの曲率で，断面高さを h_c，断

面上縁のひずみを ε_{cu}，断面下縁のひずみを ε_{ct} とすれば，以下のようになる．

$$\phi_z = \frac{\varepsilon_{cu} - \varepsilon_{ct}}{h_c} \tag{5.106}$$

$$\varepsilon_0 = \frac{\varepsilon_{cu} + \varepsilon_{ct}}{2} \tag{5.107}$$

ただし，応力とひずみの符号は圧縮を正としている．

式 (5.71)〜(5.74) と同様，コンクリートの応力–ひずみ関係を以下のように表す．

$$\sigma_c = g_c(\varepsilon_c) \tag{5.108}$$

ここに，

$$\left.\begin{array}{l} \varepsilon_c \leq 0 \text{ では，} g_c(\varepsilon_c) = 0 \\ 0 < \varepsilon_c \leq \varepsilon_{cy} \text{ では，} g_c(\varepsilon_c) = E_c\varepsilon_c \\ \varepsilon_{cy} < \varepsilon_c \leq \varepsilon_{cu} \text{ では，} g_c(\varepsilon_c) = f_{cy} \end{array}\right\} \tag{5.109}$$

鋼の応力–ひずみ関係を

$$\sigma_s = g_s(\varepsilon_s) \tag{5.110}$$

ここに，

$$\left.\begin{array}{l} \varepsilon_s < -\varepsilon_{sy} \text{ では，} g_s(\varepsilon_s) = -f_{sy} \\ -\varepsilon_{sy} \leq \varepsilon_s \leq \varepsilon_{sy} \text{ では，} g_s(\varepsilon_s) = E_s\varepsilon_s \\ \varepsilon_s > \varepsilon_{sy} \text{ では，} g_s(\varepsilon_s) = f_{sy} \end{array}\right\} \tag{5.111}$$

と表せば，終局時の軸圧縮力 N_u と曲げモーメント M_u は次式で与えられる．

$$N_u = \int_{A_c} g_c(\varepsilon_c)\,dA_c + \int_{A_s} g_s(\varepsilon_s)\,dA_s \tag{5.112}$$

$$M_u = \int_{A_c} g_c(\varepsilon_c)y\,dA_c + \int_{A_s} g_s(\varepsilon_s)y\,dA_s \tag{5.113}$$

ここに，A_s，A_c はそれぞれ鋼断面およびコンクリート断面を意味する．

例題 5.4 で示したように，ε_{cu} を図 5.21 のコンクリートの終局圧縮ひずみに選び，数値積分し，式 (5.112) および (5.113) により N_u および M_u を決定することができる．たとえば，コンクリート断面高さを n_c 分割，鋼 H 形断面の高さを n_s 分割，鉄筋配置を n_r 層とし，数値積分すれば

$$N_u = b_c \times \sum_{i=1}^{n_c+1} \alpha_i g_c(\varepsilon_{ci})\Delta h_c + \sum_{j=1}^{n_s+1} \alpha_j b_{sj} g_s(\varepsilon_{sj})\Delta h_{sj} + \sum_{k=1}^{n_r} g_s(\varepsilon_{sk})A_{sk} \tag{5.114}$$

$$M_u = N_u e = b_c \times \sum_{i=1}^{n_c+1} \alpha_i g_c(\varepsilon_{ci}) y_i \Delta h_c + \sum_{j=1}^{n_s+1} \alpha_j b_{sj} g_s(\varepsilon_{sj}) y_j \Delta h_{sj}$$

$$+\sum_{k=1}^{n_r} g_s(\varepsilon_{sk}) y_k A_{sk} \tag{5.115}$$

ここに，b_c はコンクリート断面の幅，b_{sj} は鋼 H 形断面の分割点での幅，A_{sk} は各層の鉄筋断面積，Δh_c，Δh_{sj} はコンクリート床版および鋼 H 形断面の分割区間長，y_i，y_j，y_k は断面中心から各分割点までの距離 (上方を正)，α_i，α_j は数値積分法の重み係数である．

また，各分割点でのひずみは以下のように与えられる．

$$\left.\begin{aligned}
\varepsilon_{ci} &= \varepsilon_0 + \phi_z \cdot y_i = \varepsilon_{cu}\left(\frac{1+\gamma}{2} + \frac{1-\gamma}{h_c}\cdot y_i\right) \\
\varepsilon_{sj} &= \varepsilon_0 + \phi_z \cdot y_j = \varepsilon_{cu}\left(\frac{1+\gamma}{2} + \frac{1-\gamma}{h_c}\cdot y_j\right) \\
\varepsilon_{sk} &= \varepsilon_0 + \phi_z \cdot y_k = \varepsilon_{cu}\left(\frac{1+\gamma}{2} + \frac{1-\gamma}{h_c}\cdot y_k\right)
\end{aligned}\right\} \tag{5.116}$$

ここに，$\gamma = \varepsilon_{ct}/\varepsilon_{cu}$ である．したがって，断面の上縁から中立軸までの距離は

$$\eta = \frac{\varepsilon_{cu}}{\varepsilon_{cu} - \varepsilon_{ct}} \cdot h_c = \frac{h_c}{1-\gamma} \tag{5.117}$$

数値計算は，$\gamma = 1$ を初期値として，微小増分ごとに γ を変化させ，式 (5.114)〜(5.117) より N_u，M_u を逐次求め，$e = M_u/N_u$ より，所定の偏心距離での N_u，M_u を見出すことができる．

ところで，偏心距離 e をゼロから無限大まで連続的に変化させたときの M_u と N_u の軌跡は，**図 5.38** (a) に示すような，モーメント M – 軸力 N の座標面上で原点を包含する一つの閉曲線を描く．このような曲線を相関曲線 (interaction curve) とよんでいる．図中，$e = 0$ が中心圧縮および引張での終局軸力 N_u および N'_u を与え，$e \to \pm\infty$ が軸力の無い場合の終局モーメント M_u，M'_u を与えている．RC 断面や SRC 断面では，軸力がゼロのときより，ある大きさの圧縮軸力が存在するときの方が終局モーメ

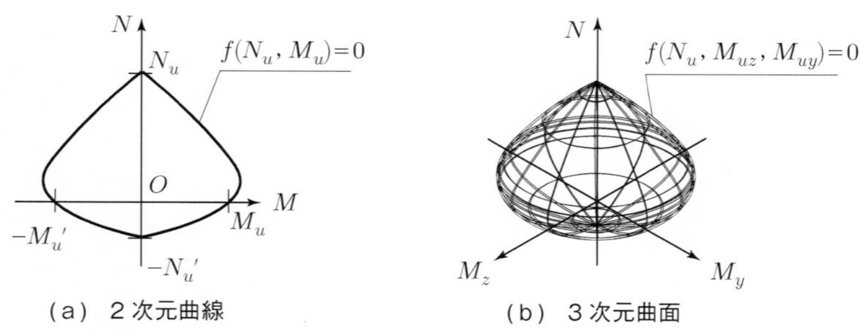

図 5.38 モーメント–軸力相関曲線または曲面

ントが大きくなり，相関曲線がおむすび形になることがよく知られている．

例題 5.6 図 5.37 の SRC 断面柱において，断面幅と高さがそれぞれ 600 mm および 800 mm，中心に配置された鋼 H 形断面は，上下フランジの幅および厚みがそれぞれ 200 mm，20 mm，ウエブ高さが 600 mm，ウエブ厚が 16 mm，鉄筋は上下 2 層で，各層の断面積が 1,013 mm^2，位置は断面の上下縁から 40 mm とする．偏心量 e が 0〜70 mm の範囲で変化した場合，この断面の終局軸力 N_u と終局モーメント M_u がどのように変化するかを調べよ．ただし，各材料定数は，図 5.21 を参照して，コンクリートの応力–ひずみ曲線はバイリニア曲線で表し，$f_{cy} = 0.85f'_c$，$f'_c = 30$ N/mm^2，$\varepsilon_{cy} = 1500 \times 10^{-6}$，$\varepsilon_{cu} = 3500 \times 10^{-6}$，$E_c = f_{cy}/\varepsilon_{cy} = 1.7 \times 10^4$ N/mm^2，また鋼 H 形断面と鉄筋は，$f_{sy} = 300$ N/mm^2，$\varepsilon_{sy} = f_{sy}/E_s = 1500 \times 10^{-6}$，$E_s = 2.0 \times 10^5$ N/mm^2 とする．

解答 式 (5.114) および (5.115) において，幅，分割数，分割区間長，台形公式による数値積分の重み係数などは，コンクリート断面に対しては，$b = 600$ mm，$h_c = 800$ mm，$n_c = 30$，$\Delta h_c = 800/30 = 26.7$ mm，$\alpha_i = 0.5$ $(i = 1, 31)$，$\alpha_i = 1.0$ $(i = 2, 3, \cdots, 30)$，鋼 H 形断面の上下フランジに対しては，それぞれ，$n_{sf} = 1$，$\Delta h_{sf} = 20$ mm，$\alpha_j = 0.5$ $(j = 1, 2)$，鋼 H 形断面ウエブに対しては，$n_{sw} = 30$，$\Delta h_{sw} = 600/30 = 20$ mm，$\alpha_j = 0.5$ $(j = 1, 31)$，$\alpha_j = 1.0$ $(j = 2, 3, \cdots, 30)$，鉄筋断面積は，上下 2 層 $(n_r = 2)$ でそれぞれ $A_{sk} = 1{,}013$ mm^2 とする．したがって，断面中心から各分割点までの距離は，コンクリート断面では，$y_i = 400 - \Delta h_c(i-1)$，鋼 H 形断面上下フランジでは，それぞれ $y_j = 320 - \Delta h_{sf}(j-1)$，$y_j = -320 - \Delta h_{sf} \cdot j$，鋼 H 形断面ウエブでは，$y_j = 300 - \Delta h_{sw}(j-1)$，上，下層の鉄筋では，$y_s = \pm 360$ mm となる．式 (5.117) において，$-2.0 < \gamma < 1.0$ の範囲で，0.01 刻みで変化させて，式 (5.114) および (5.115) を計算すれば，図 **5.39** の結果を得る．図より，

$e = 0$ で，　$N_u = 18.1$ MN，　$M_u = 0$

$e = 200$ mm で，　$N_u = 10.1$ MN，　$M_u = 2.00$ MN·m

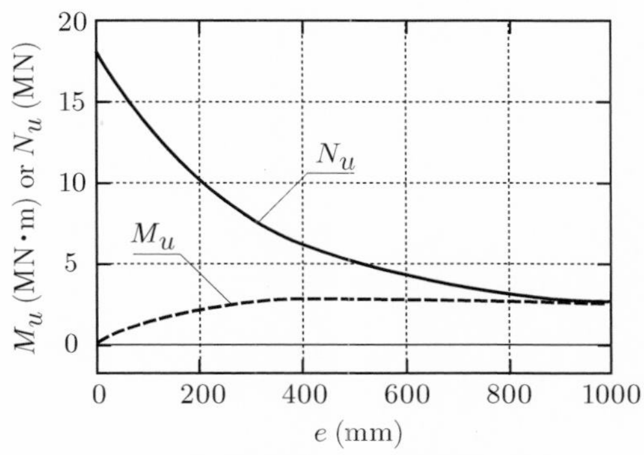

図 5.39 偏心距離 e と N_u および M_u の関係

$e = 400$ mm で，　$N_u = 6.28$ MN，　$M_u = 2.50$ MN·m
$e = 600$ mm で，　$N_u = 4.17$ MN，　$M_u = 2.47$ MN·m

であることがわかる．

例題 5.7　例題 5.6 と同じ SRC 断面に対するモーメント–軸力相関曲線を求めよ．

解答　偏心距離 $e = 0$ のときの終局圧縮軸力 N_{u0} と終局引張軸力 N'_{u0} は

$$N_{u0} = A_c \cdot f_{cy} + A_s \cdot f_{sy} = 600 \times 800 \times 0.85 \times 30 + (2 \times 200 \times 20 + 600 \times 16) \times 300 + 2 \times 1013 \times 300 = 12.24 \times 10^6 + 5.89 \times 10^6 = 18.1 \text{ MN}$$

$$N'_{u0} = -5.89 \text{ MN}$$

$0 < e < \infty$ に対しては，式 (5.117) の $-\infty < \gamma < 1$ の範囲の γ の値を適当な間隔で変化させたときの式 (5.114) および (5.115) による M_u，N_u を求め，それらの軌跡を描けば，図 **5.40** の相関曲線を得る．なお，軸力が無い場合 ($N_u = 0$) の終局モーメント M_{u0} は 1.82 MN·m となり，図 5.40 の相関曲線では，縦軸は N_u/N_{u0}，横軸は M_u/M_{u0} と無次元化している．また，図 5.37 の SRC 断面は 2 軸対称であり，相関曲線は N_u 軸に関して対称となるので，図 5.40 は $M_u \geq 0$ の領域のみを描いている．図より，M_u の最大値は $1.37M_{u0}$ で，$N_u \approx 0.3N_{u0}$ のときに発生していることがわかる．

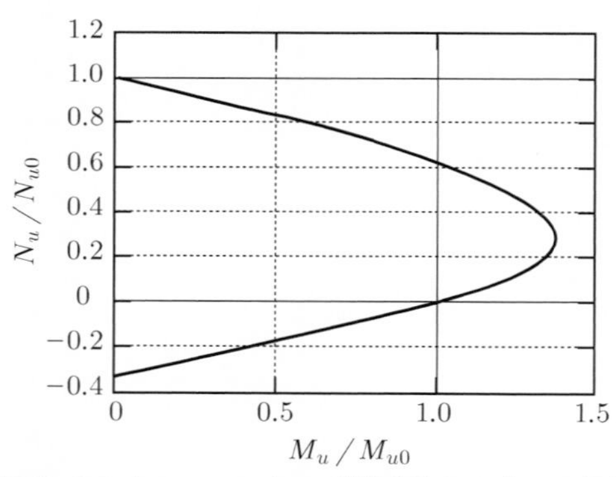

図 5.40　$M_u/M_{u0} - N_u/N_{u0}$ 相関曲線 ($M_u \geqq 0$ の領域)

3) 軸力と 2 軸曲げモーメントを受ける場合

図 **5.41** に示すように，載荷点が断面のいずれの対称軸 (z および y 軸) からもずれている問題を，2 軸偏心問題とよぶ．この場合，z 軸および y 軸からの偏心量を e_y，e_z とすれば，偏心圧縮荷重 N による z 軸および y 軸回りのモーメントは以下のように表せる．

$$M_z = -Ne_y, \qquad M_y = Ne_z \tag{5.118}$$

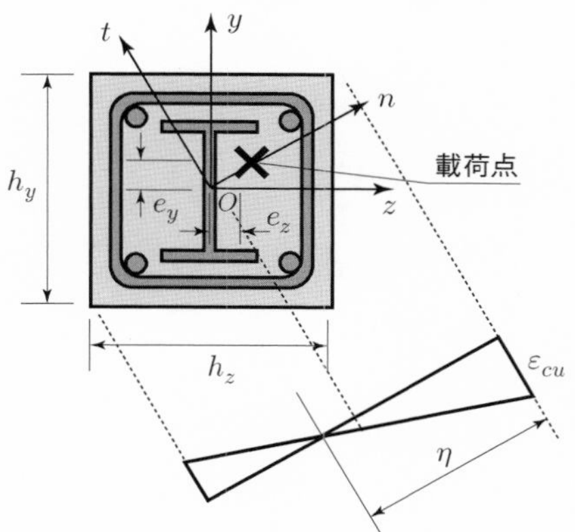

図 5.41 2 軸偏心荷重

ここに，モーメントをベクトル表示した時の正方向を座標軸の正方向に合わせている．2 方向の曲げモーメント M_z，M_y によって，2 方向の曲率 ϕ_z および ϕ_y が発生するが，z 軸および y 軸回りの曲げ剛性が等しくない限り，モーメントベクトルと曲率ベクトルの方向は一致しない．

平面保持の仮定の下では，2 方向の曲率によるコンクリート断面の最大圧縮ひずみ ε_{cu} は長方形断面では角に現れる．そこで，断面内の中心点から載荷点をとおる軸を n，それに直交する軸を t とし，初期値として，t 軸回りの曲率を次式で与える．

$$\phi_t = \frac{\varepsilon_{cu}}{\eta} \tag{5.119}$$

ここに，η は長方形断面の最外点 (角) から中立軸までの距離である．n 軸と x 軸の成す角を θ とし，断面中心でのひずみを ε_0 とすれば，断面内の任意点 $(z,\ y)$ の柱軸方向ひずみは以下のように表せる．

$$\begin{aligned}\varepsilon_x &= \varepsilon_0 + \phi_y z - \phi_z y \\ &= \varepsilon_0 + \phi_t(z\cos\theta + y\sin\theta)\end{aligned} \tag{5.120}$$

ここに，$\phi_y = \phi_t\cos\theta$，$\phi_z = -\phi_t\sin\theta$ である．したがって，軸力 N_u の下での y 軸および z 軸回りの終局モーメント M_{uy}，M_{uz} の関係は以下のように与えられる．

$$N_u = \int_{A_c} g_c(\varepsilon_c)\,dA_c + \int_{A_s} g_s(\varepsilon_s)\,dA_s \tag{5.121}$$

$$\left.\begin{aligned}M_{uy} &= \int_{A_c} z\cdot g_c(\varepsilon_c)\,dA_c + \int_{A_s} z\cdot g_s(\varepsilon_s)\,dA_s \\ M_{uz} &= -\int_{A_c} y\cdot g_c(\varepsilon_c)\,dA_c - \int_{A_s} y\cdot g_s(\varepsilon_s)\,dA_s\end{aligned}\right\} \tag{5.122}$$

なお，上式の積分は，それぞれコンクリート断面 A_c および鋼断面 (鉄筋を含む)A_s について実行する．1 軸偏心荷重の場合と類似した 2 次元数値積分法を用い，式 (5.121) を満足する η を求め，式 (5.122) より，M_{uy} および M_{uz} を決定する．その際，$\tan\theta' = -M_{uz}/M_{uy}$ より θ' を求め，ついで，式 (5.120) において $\theta = \theta'$ として，反復計算し，$-M_{uy}/M_{uz} = e_z/e_y$ になるような M_{uy} および M_{uz} を見出すまで計算を繰り返す必要がある．

任意の $(e_z,\ e_y)$ に対して，式 (5.121) および (5.122) から得られた N_u，M_{uz}，M_{uy} の軌跡は，図 5.38 (b) に示すような 3 次元の相関曲面を与える．

5.4.3　単純累加強度法と一般化累加強度法

式 (5.112)，(5.113) は，鋼材とコンクリートの付着が終局時まで完全であるとし，“平面保持の仮定” に基づいているが，通常．コンクリートに埋め込まれた鋼材の表面にはずれ止めなど設けられていないので，RC 方式のような完全付着の保証がないこと，ならびに，これらの式よる相関曲線の算定は煩雑であることなどの理由により，より実用的な方法として**累加強度法**が提案されている．

SRC 断面に対する累加強度法は，前述の図 5.36 に示したように，RC 部と鋼部が独立して取り扱われており，両者の終局強度の和が SRC 断面の終局強度になるとした算定法である (式 (5.104) 参照)．

すなわち，RC 断面の相関曲線を $f_{rc}(N_u^{rc},\ M_u^{rc}) = 0$，鋼断面の相関曲線を $f_s(N_u^s,\ M_u^s) = 0$ とし，$M_u - N_u$ 座標面での各相関曲線の内部の任意の断面力ベクトルを

$$\vec{Q}_{rc} = \vec{N}_u^{rc} + \vec{M}_u^{rc}, \qquad \text{ただし}\quad f_{rc}(N_u^{rc},\ M_u^{rc}) \leq 0 \tag{5.123}$$

$$\vec{Q}_s = \vec{N}_u^s + \vec{M}_u^s, \qquad \text{ただし}\quad f_{us}(N_u^s,\ M_u^s) \leq 0 \tag{5.124}$$

とすれば，累加強度法による SRC 断面の相関曲線：$f_{src}(N_u^{src},\ M_u^{src}) = 0$ は，すべてのベクトル $\vec{Q}_{rc} + \vec{Q}_s$ を包含する曲線によって与えられる．すなわち

$$\vec{Q}_{src} = \text{envelop}\,(\vec{Q}_{rc} + \vec{Q}_s) \tag{5.125}$$

ここに，envelop は二つのベクトル $\vec{Q}_{rc}$ と $\vec{Q}_s$ の和の包絡線を意味している．

式 (5.123) から式 (5.125) を図で表すと，それぞれ，**図 5.42** (a)〜(c) にように描ける．すなわち，RC 断面および鋼断面の相関曲線をそれぞれ図 5.42 (a) および (b) とすれば，各相関曲線上にあるすべてのベクトルの和 $(\vec{Q}_{rc} + \vec{Q}_s)$ は，各相関曲線が包む領域 $(D_{rc},\ D_s)$ の和で表される．したがって，領域 D_s の座標原点を領域 D_{rc} 上に平行移動することによって描く領域をすべて包含する領域 D_{src} が SRC 断面の相関曲線

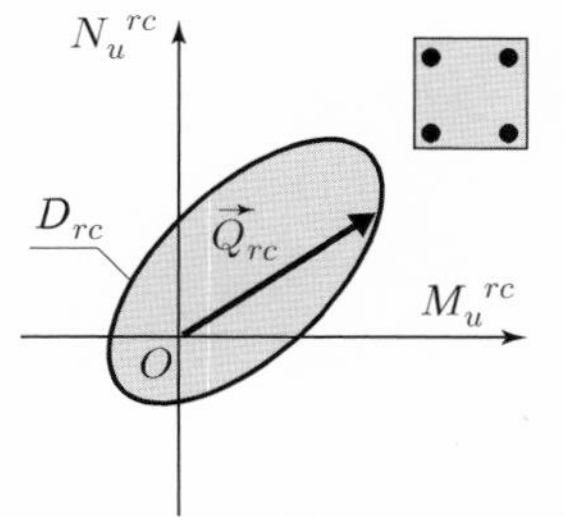

(a) RC 断面の相関曲線と断面力ベクトル

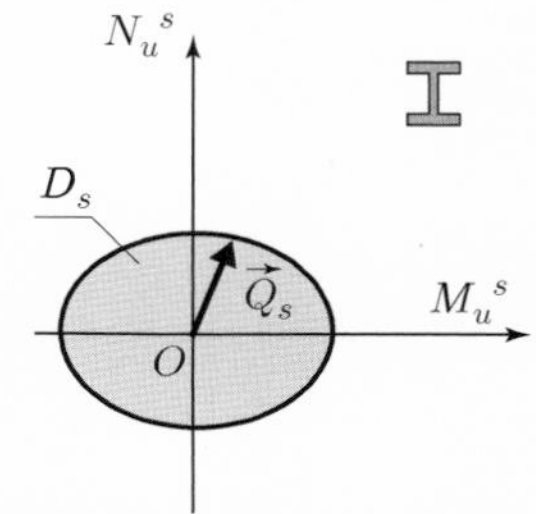

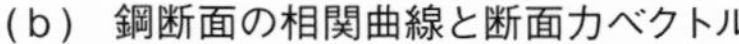
(b) 鋼断面の相関曲線と断面力ベクトル

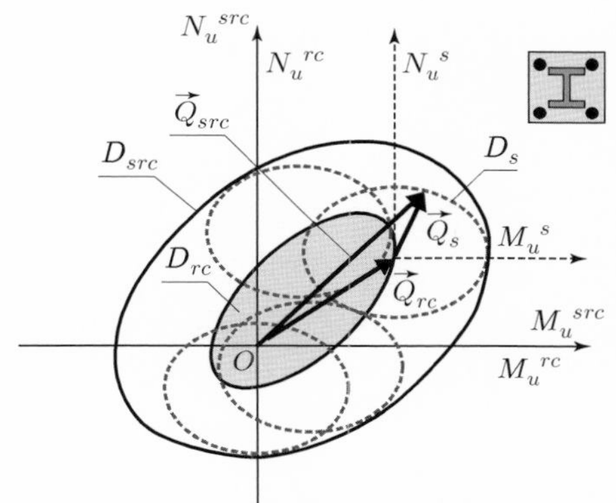

(c) SRC 断面の相関曲線と断面力ベクトル

図 5.42 累加強度法の概念

に対応している.

ところで，日本建築学会，コンクリート充填構造鋼管設計施工指針 (1997 年制定) の付録[65]では，式 (5.123) による鋼断面での任意ベクトル $\vec{Q}_{rc}$ と式 (5.124) による RC 断面の任意ベクトル $\vec{Q}_s$ の和によって SRC 断面の終局強度を与える方法を単純累加強度法とよんでいる.

単純累加強度法の理論的裏付けは “極限解析法の**下界定理**” に基づいているといわれている[64, 65]. この定理によれば，複数の部材から成る不静定構造物においては，各部材が完全塑性体 (全断面塑性状態での強度を保持しながら無制限に塑性変形できる部材) であるならば，つり合い条件を満足し，かつ，すべての部材で降伏条件を侵さないような応力場 (静的許容場とよぶ) を与える荷重値は，真の終局荷重値より必ず小さいかまたは等しいといえる.

ところで，極限解析法の定理は構造系に対して適用できるものであるので，式 (5.125)

のように断面力のみに対して適用するには注意を要する．たとえば，**図 5.43** (a) に示すように，鋼断面の図心と RC 断面の図心が距離 e だけ偏心している一般的なケースを考えてみよう．各断面が完全塑性体であるとすれば，鋼の降伏応力 f_{sy} とコンクリートの見かけ降伏応力 f_{cy} の下での可能な応力分布は，鋼断面に対しては図 (b)，RC 断面に対しては図 (c) のように表せる．

次に，任意部材長 Δx の SRC 材の断面力のつり合い問題を**図 5.44** のように考える．もし鋼部材と RC 部材の界面がずれると，付着強度が零でない限り，図 5.44 に示すように付着せん断力 $T_{\rm bond}$ が存在することになる．

ところで，この問題に極限解析法の下界定理を適用すると，式 (5.123) および式 (5.124) は部材内のすべての断面において成立しなければならない．しかしながら，図 5.44 において，端部断面において式 (5.123) および式 (5.124) の条件が成立しても，中間の断面では $T_{\rm bond}$ の存在によりこれらの条件が成立しているとは限らない．しかし，鋼部材と RC 部材の界面でずれがなければ，$T_{\rm bond}$ は塑性仕事に寄与しないので，この条件の下で極限解析法の**下界定理**が成立するといえる．

一方，RC 方式では，平面保持の仮定により，鋼断面と RC 断面の界面にはずれが無く，$T_{\rm bond}=0$ であるので，図 5.44 の鋼部材と RC 部材はいずれの断面でも同じ応

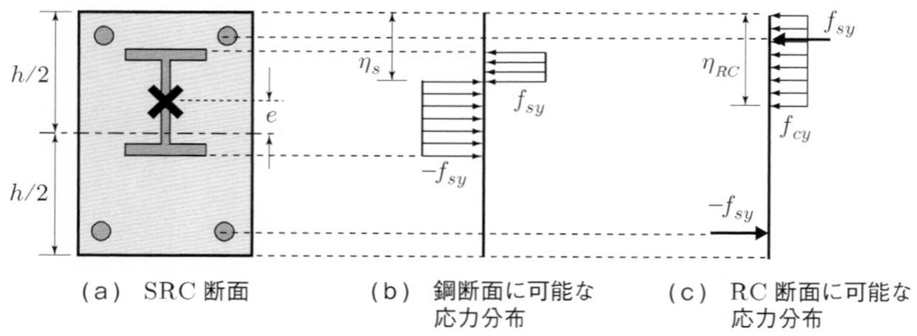

図 5.43 鋼および RC 断面における静的許容応力場

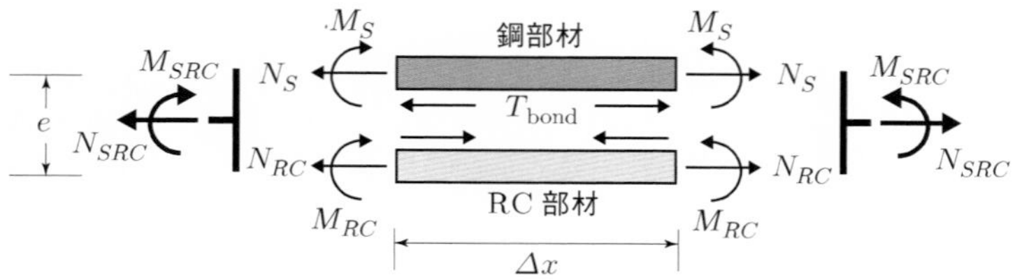

図 5.44 累加強度法における各断面力の関係

力状態になり，一断面に対する式 (5.112) および式 (5.113) の適用で十分である．したがって，図 5.43 の SRC 断面においては，中立軸の位置が $\eta_s = \eta_{rc}$ となる場合の応力分布が静的許容応力場になり，このときの終局強度はコンクリートの終局圧縮ひずみを設けない RC 方式によるものにほかならない．前述のコンクリート充填構造鋼管設計施工指針の付録[65]では，上述の RC 方式により終局強度を与える方法を**一般化累加強度法**とよんでいる．

ところで，式 (5.125) による**単純累加強度法**では，$\eta_s \neq \eta_{rc}$ の応力分布が SRC 断面に適用されているが，RC 方式での $\eta_s = \eta_{rc}$ は平面保持の仮定という変形適合条件に基づいているので極限解析法の上界定理をも満足する．したがって，単純累加強度法による終局強度は，一般化累加強度法による終局強度より必ず小さいか，または等しいといえる．

一般に，鋼断面と RC 断面の図心がほぼ一致する場合には，累加強度法による終局強度はよい近似を与えると思われる．しかしながら，コンクリート断面に対する鋼材断面の比率 (一般に鋼材比という) が非常に大きい場合には，鋼断面の全域で塑性域に入る前に，コンクリート断面の一部が終局圧縮ひずみ ε_{cu} を超え，部分的な圧壊が先行することがあり，累加強度法は，必ずしも安全な終局強度を与えないことに留意しなければならない．

例題 5.8　図 5.43 (a) に示すような SRC 断面の曲げと軸力に関する相関曲線を単純累加強度法により求めるための計算手順を示せ．

解答　式 (5.125) による相関曲線の数値計算のために，図 5.43(a) の断面を高さ方向に，RC 部について $i = 1, 2, 3, \cdots, m$ 分割，鋼部について $j = 1, 2, 3, \cdots, n$ 分割する．いま，相関曲線の M_u および N_u 座標軸方向の単位ベクトルをそれぞれ $\boldsymbol{e}_1$ および $\boldsymbol{e}_2$ とすれば，各分割点での断面力ベクトルは以下のように表せる．

$$\vec{Q}_u^{rc}(\eta_i) = M_{ui}^{rc} \cdot \boldsymbol{e}_1 + N_{ui}^{rc} \cdot \boldsymbol{e}_2 \quad (i = 1, 2, 3, \cdots, m) \tag{5.126}$$

$$\vec{Q}_u^{s}(\eta_j) = M_{uj}^{s} \cdot \boldsymbol{e}_1 + N_{uj}^{s} \cdot \boldsymbol{e}_2 \quad (j = 1, 2, 3, \cdots, n) \tag{5.127}$$

したがって，式 (5.125) は

$$\vec{Q}_u^{src} = \mathrm{envelop}\left[\left(M_{ui}^{rc} + M_{uj}^{s}\right) \cdot \boldsymbol{e}_1 + \left(N_{ui}^{rc} + N_{uj}^{s}\right) \cdot \boldsymbol{e}_2\right]_{i=1,2,3,\cdots,m,\ j=1,2,3,\cdots,n} \tag{5.128}$$

となり，SRC 断面の相関曲線は，図 5.43 (b) に示す RC 断面の中立軸の位置 (η_i) および，同図 (c) に示す鋼断面の中立軸の位置 (η_j) をそれぞれ独立に各分割点ごとに移動させて得られたすべて，すなわち，$(m \times n)$ 個のベクトル和，$\vec{Q}_u^{src} = \vec{Q}_u^{rc} + \vec{Q}_u^{s}$，の包絡曲線として求めることができる．

しかしながら，式 (5.128) を厳密に計算することは非常に煩雑であるので，各相関曲線上の最大および最小点を含む代表点を数点選び，対応するベクトル和を包含する凸領域として SRC 断面の相関曲線を近似的に求めることが実用的である．

たとえば，図 **5.45** において，RC 断面の相関曲線上の代表点を A，B，C，D とし，鋼断面の相関曲線上の代表点を A′，B′，C′，D′ とすれば，単純累加強度法による SRC 断面の相関曲線は，折れ線 1–2–3–4–5–6 のようになる．各相関曲線上の代表点の数を増加することによって，より精度の良い相関曲線を得るが，単純累加強度法が断面の終局強度解析法の一つの近似法に過ぎないことを考慮すれば，いたずらに代表点の数を増すメリットは少ないものと思われる．

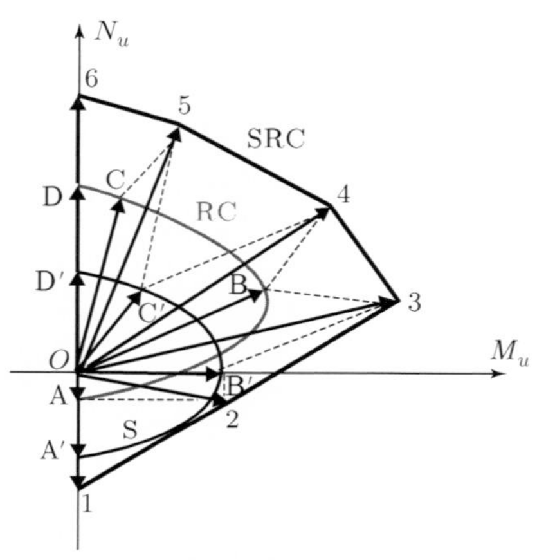

図 5.45 各相関曲線の関係 ($M_u \geqq 0$ の領域)

例題 5.9 例題 5.6 と同じ断面諸量をもつ SRC 断面のモーメント–軸力相関曲線を，(1) RC 断面部と (2) 鋼断面部に対して平面保持の仮定に基づいて求めた後に，単純累加強度法によって SRC 断面のモーメント－軸力相関曲線を決定せよ．ただし，RC 部および鋼部の応力分布に対してはストレスブロック法 (図 5.27 参照) を適用せよ．

解答 最初に，RC 部のモーメント－軸力相関曲線を求める．断面の上縁がコンクリートの限界ひずみ $\varepsilon_{cu} = 0.0035$ に達するときのひずみおよびストレスブロック法による応力分布を図 **5.46** (c) に示す．

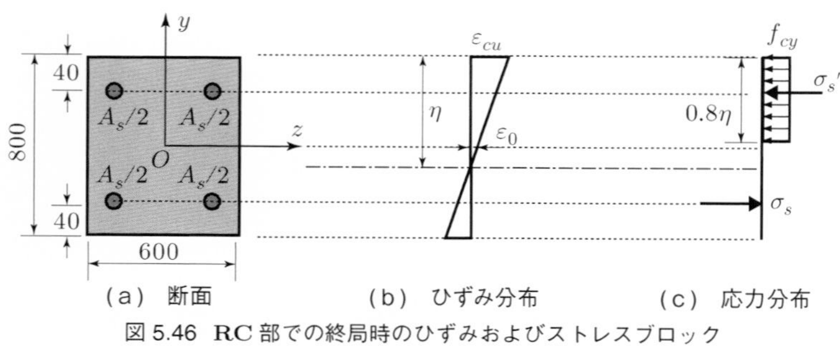

図 5.46 RC 部での終局時のひずみおよびストレスブロック

終局時の軸圧縮力 N_{pu} および軸引張力 N'_{pu} は

$$N_{pu} = f_{cy} \cdot b_c \cdot h_c + 2A_s \cdot f_{sy}$$
$$= 0.85 \times 30 \times 600 \times 800 + 2 \times 1013 \times 300 = 12.8 \text{ MN}$$
$$N'_{pu} = 2A_s \cdot f_{sy} = 2 \times 1013 \times 300 = 0.6 \text{ MN}$$

ここに，b_c は断面幅 (600 mm)，h_c は断面高さ (800 mm)，A_s は上下各層の鉄筋断面積で，$A_s = 1{,}013$ mm^2 コンクリートおよび鉄筋の強度は，それぞれ $f_{cy} = 0.85f'_c$，$f'_c = 30$ N/mm^2，$f_{sy} = 300$ N/mm^2 である．

断面の上縁から中立軸までの距離を η とすれば，限界曲率は $\phi = \varepsilon_{cu}/\eta = 0.0035/\eta$ で，コンクリートのストレスブロックの深さ y_c は，

$$0.8\eta \leq h_c = 800 \text{ ならば，} y_c = 0.8\eta$$

$$0.8\eta > h_c = 800 \text{ ならば，} y_c = h_c = 800$$

また，上下層の鉄筋ひずみは

$$\varepsilon'_s = (\eta - 40)\phi = (\eta - 40) \times 0.0035/\eta = 0.0035 - 0.14/\eta$$

$$\varepsilon_s = -(\eta - 760)\phi = -0.0035 + 2.66/\eta$$

式 (5.111) より，鉄筋応力は

$$|\varepsilon'_s| \leq \varepsilon_{sy} = 1500 \times 10^{-6} \text{ ならば，} \sigma'_s = E_s\varepsilon'_s = 2.0 \times 10^5 \cdot (0.0035 - 0.14/\eta)$$

$$|\varepsilon'_s| > \varepsilon_{sy} = 1500 \times 10^{-6} \text{ ならば，} \sigma'_s = \pm f_{sy}$$

$$|\varepsilon_s| \leq \varepsilon_{sy} = 1500 \times 10^{-6} \text{ ならば，} \sigma_s = E_s\varepsilon_s = 2.0 \times 10^5 \cdot (-0.0035 + 2.66/\eta)$$

$$|\varepsilon_s| > \varepsilon_{sy} = 1500 \times 10^{-6} \text{ ならば，} \sigma_s = \pm f_{sy}$$

ただし，ひずみおよび応力は圧縮を正としている．

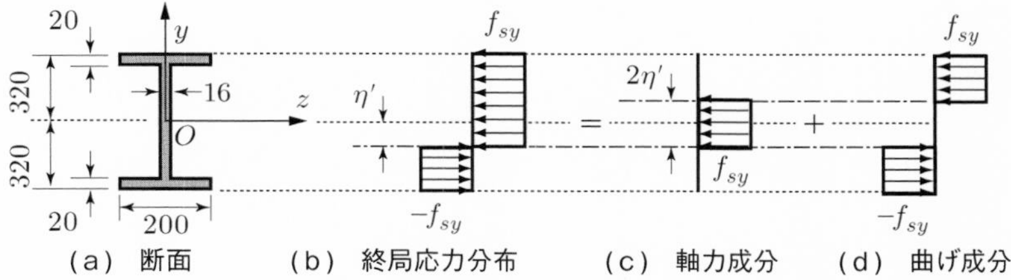

図 5.47 鋼断面部での終局時の応力分布

したがって，断面の中心 0 に関する軸力 N_u^{rc} とモーメント M_u^{rc} は

$$N_u^{rc} = 0.85f'_c \cdot y_c \cdot b_c + A_s \cdot \sigma'_s + A_s \cdot \sigma_s$$
$$= 1.53 \times 10^4 y_c + 1013 \cdot (\sigma'_s + \sigma_s)$$
$$M_u^{rc} = 0.85f'_c \cdot y_c \cdot b_c \times (0.5h_c - 0.5y_c) + A_s \cdot \sigma'_s(0.5h_c - 40) - A_s \cdot \sigma_s(0.5h_c - 40)$$
$$= 1.53 \times 10^4 y_c(400 - 0.5y_c) + 3.65 \times 10^5 \cdot (\sigma'_s - \sigma_s)$$

η を 0 から十分大きな値になるまで変化させたときの N_u^{rc} と M_u^{rc} を逐次求め，その軌跡

を描けば，図 **5.48** の RC 断面の相関曲線が決定できる．

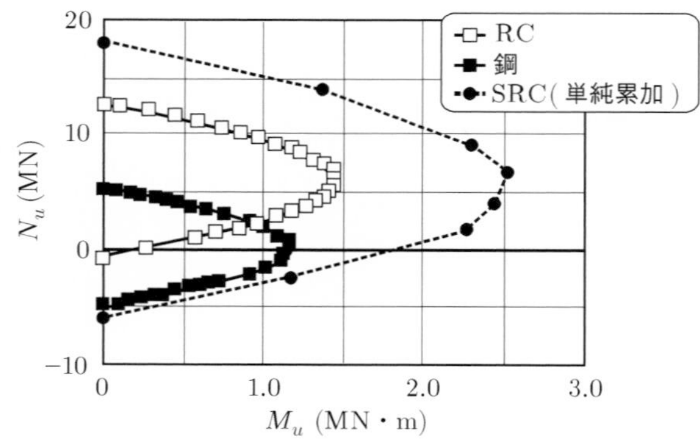

図 5.48 単純累加強度法による **SRC** 断面のモーメント–軸力相関曲線 ($M_u \geqq 0$ の領域)

次に，鋼断面部については，図 5.21 (b) に示す完全塑性体の応力 – ひずみ曲線を適用すると，終局状態では，**図 5.47** (b) に示すような長方形応力分布 (ストレスブロック) になる．したがって，断面中心から中立軸までの距離を η' とし，断面の対称性を考慮し，$\eta' \geq 0$ の領域のみを取り扱う．終局応力分布を軸力成分と曲げ成分に分ければ図 5.47 (c) および (d) のようになるので，N_u^s および M_u^s は以下のように与えられる．

(1) $0 \leq \eta' \leq 300$ の場合

$$N_u^s = 2\eta' \times 16 \times f_{sy} = 9.6 \times 10^3 \eta'$$

$$M_u^s = [2 \times 200 \times 20 \times (320 - 10) + 2 \times 16 \times (300 - \eta')(300 + \eta')/2] f_{sy}$$

$$= 7.44 \times 10^8 + 4.8 \times 10^3 (300 - \eta')(300 + \eta')$$

(2) $300 < \eta' \leq 320$ の場合

$$N_u^s = 2 \times 16 \times 300 f_{sy} + 2(\eta' - 300) \times 200 f_{sy} = 1.2 \times 10^5 \eta' - 3.31 \times 10^7$$

$$M_u^s = 2 \times 200 \times (320 - \eta') \times (320 + \eta') f_{sy}/2 = 0.6 \times 10^5 (320^2 - \eta'^2)$$

上式より，η' の各値に対して N_u^s および M_u^s を求めれば，**図 5.48** の鋼断面部に対する相関曲線が決定できる．

一方，単純累加強度法の適用においては，RC および鋼桁部の相関曲線上の軸力およびモーメントの最大および最小点を含む数点を選び，それぞれの断面力ベクトルの和を包絡する領域として，図 5.48 のような SRC 断面の近似相関曲線が求められる．なお，各相関曲線上の選点数を増やせば，よりスムーズな SRC 断面の相関曲線を得ることができる．

例題 5.10 **図 5.49** (a) に示すような，内径 $D_i = 1{,}000$ mm，板厚 $t = 20$ mm の鋼管の内部にコンクリートが充填されたコンクリート充填鋼管 (CFT) 柱断面に対して，モーメント–軸力相関曲線を一般化累加強度法 (RC 方式) および単純累加強度法によって求め，両者の相違点を調べよ．ただし，鋼管の降伏応力 f_{sy} は 300 N/mm^2，コンクリートの圧縮強度 f'_c は 30 N/mm^2 で，見かけの圧縮降伏応力：$f_{cy} = 0.85f'_c$ とする．

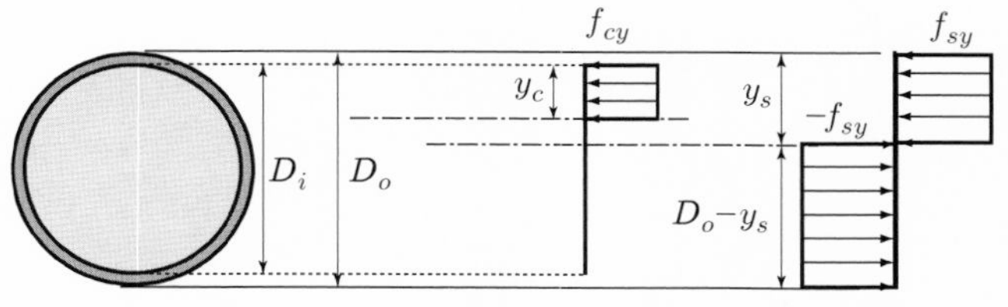

図 5.49 終局状態での **CFT** 断面の応力分布

解答　終局状態での充填コンクリート部と鋼管部の応力分布をそれぞれ独立に考える．コンクリート部は引張に抵抗できないので，一様圧縮応力 $\sigma_c = f_{cy}$ のストレスブロックを仮定する．ストレスブロックの深さを y_c $(\leq D_i)$ とすれば，コンクリート部の終局軸力 N_{uc} および断面中心 0 を通る水平軸 z に関する終局モーメント M_{uc} は，図 **5.50** を参照して，以下のように表せる．

$$N_{uc} = f_{cy}\int_{A_c} b_y \cdot dy = \frac{2D_i^2 \cdot f_{cy}}{4}\int_{\theta_0}^{\pi/2} \cos^2\theta \cdot d\theta$$

$$= \frac{D_i^2 \cdot f_{cy}}{8}\left[-\sin 2\theta_0 + 2\left(\frac{\pi}{2} - \theta_0\right)\right] \tag{5.129}$$

$$M_{uc} = f_{cy}\int_{A_c} b_y y \cdot dy = \frac{D_i^3 \cdot f_{cy}}{4}\int_{\theta_0}^{\pi/2} \sin\theta \cdot \cos^2\theta \cdot d\theta$$

$$= \frac{D_i^3 \cdot f_{cy}}{12} \cdot \cos^3\theta_0 \tag{5.130}$$

図 5.50 において，ストレスブロックはハッチを施した A–P–A' が示す断面 A_c に作用し，A_c 内の任意の位置 y での幅は $b_y = 2 \times D_i/2 \cdot \cos\theta$，ただし $\theta_0 \leq \theta \leq \pi/2$，$\theta_0 = \sin^{-1}(1 - 2y_c/D_i)$ である．$-\pi/2 \leq \theta_0 \leq \pi/2$ の任意の θ_0 に対して，式 (5.129) お

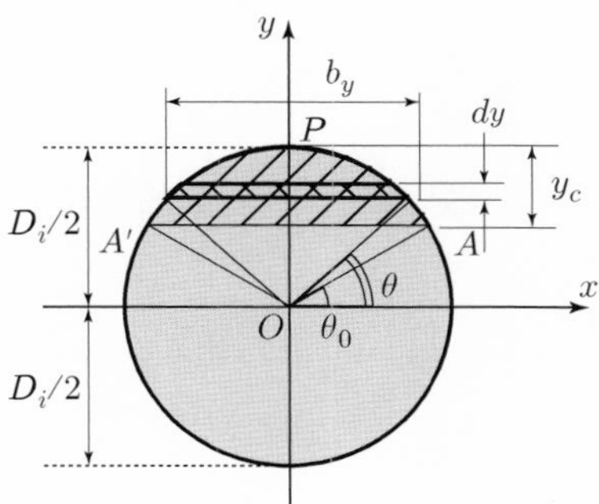

図 5.50 コンクリート断面に対する座標系

よび式 (5.130) より，N_{uc} と M_{uc} の軌跡を描けば，図 **5.51** のコンクリート部の相関曲線が求められる．

次に，鋼管については，鋼管厚の中心間距離を $D'(=D_i+t)$，上縁から中立軸までの距離を y_s とすれば，終局軸力 N_{us} と終局モーメント M_{us} は

$$N_{us}=2f_{sy}\cdot\left[\int_{\theta_0}^{\pi/2}\frac{D't}{2}d\theta-\int_{-\pi/2}^{\theta_0}\frac{D't}{2}d\theta\right]=-2D'f_{sy}\cdot t\cdot\theta_0 \tag{5.131}$$

$$M_{us}=\frac{D'^2}{2}t\cdot f_{sy}\cdot\left[\int_{\theta_0}^{\pi/2}\sin\theta\cdot d\theta-\int_{-\pi/2}^{\theta_0}\sin\theta\cdot d\theta\right]=D'^2t\cdot f_{sy}\cdot\cos\theta_0 \tag{5.132}$$

ここに，$\theta_0=\sin^{-1}(1-2y_s/D')$ である．コンクリート部の場合と同様，$-\pi/2\leq\theta_0\leq\pi/2$ の任意の θ_0 に対して，式 (5.131) および式 (5.132) より，N_{us} と M_{us} の軌跡を描けば，図 5.51 の鋼管部の相関曲線が求められる．

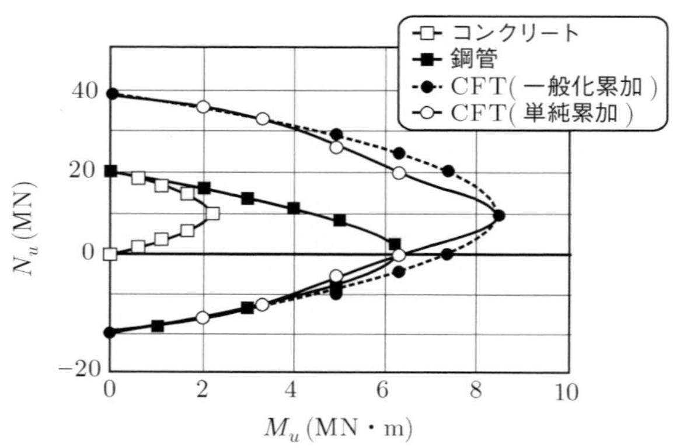

図 5.51 **CFT 断面のモーメント－軸力相関曲線** ($M_u\geqq 0$ **の領域**)

次に，一般化累加強度法による CFT 断面の相関曲線に対しては，鋼管断面とコンクリート断面の中立軸が一致するので，図 5.49(b)，(c) で $y_c=y_s-(D_o-D_i)/2$ とおけば，前述の充填コンクリート断面および鋼管断面と同様の方法が適用でき，図 5.51 の結果を得る．

最後に，すでに得られた充填コンクリート部および鋼管部の相関曲線上の最大および最小点を含む代表点を選んで求めた単純累加強度法による CFT の近似相関曲線は，図 5.51 のようになる．図より，一般化累加強度法による相関曲線は単純累加強度法による相関曲線を包含していることがわかる．

5.4.4 せん断強度

曲げに伴うせん断力を受ける部材において，最大曲げモーメント M の発生した断面でのせん断力 S に対する M の比，すなわち $a=M/S$ をせん断スパンという．単柱橋脚のように，上端が自由で，下端が固定の部材が上端に水平荷重を受ける場合は，

柱高さ l がせん断スパン a になり (**図 5.52** (a) 参照)，強固なはりと剛結したラーメン柱の柱頭が水平移動する場合は，柱高さ l の 1/2 がせん断スパン a になる (図 5.52 (b) 参照).

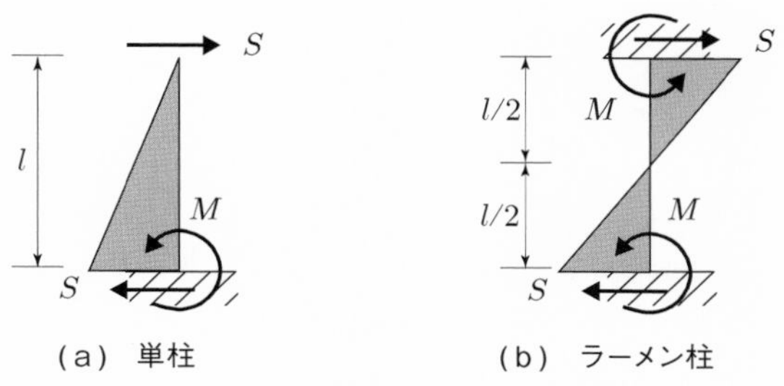

図 5.52 曲げモーメント分布とせん断スパン

合成柱のせん断問題を考えるには，断面の終局せん断強度 V_u だけではなく，終局曲げ強度 M_u およびせん断スパン a の関連性を考慮しなければならない．**図 5.53** はせん断スパン a の大きさと曲げ破壊およびせん断破壊の関係を示したものである．$a > a_s = M_u/V_u$ の領域では相対的に M_u が小さくなり，曲げ破壊が先行し，$a < a_s$ の領域では相対的に V_u が小さくなりせん断破壊が先行するといえる．すなわち，柱高さ l が短い場合には，せん断破壊が先行し，脆性的な破壊性状を示す可能性があるので，$a > a_s$ になるようにせん断補強し，V_u を大きくする必要がある.

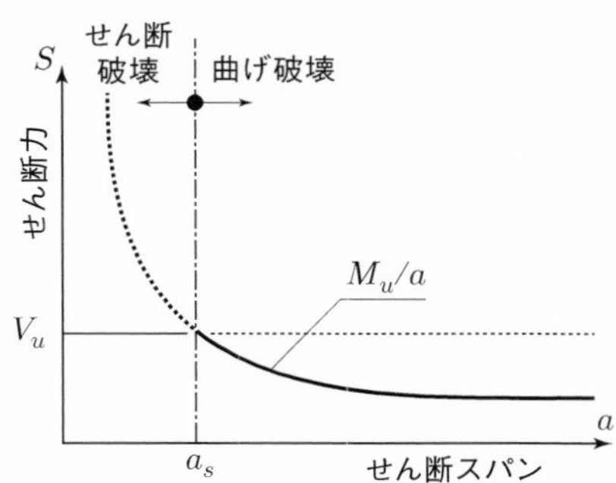

図 5.53 せん断スパンと破壊モードの関係

ところで，合成部材の**終局せん断強度** V_u の算定には，累加強度法が適用されることが多い．図 5.36 の SRC 断面を例にとれば，次式となる.

$$V_u^{src} = V_u^c + V_u^r + V_u^s \tag{5.133}$$

ここに，V_u^{src} は SRC 断面の終局せん断強度，V_u^c はコンクリート断面のせん断強度，

V_u^r はせん断補強鉄筋のせん断強度，V_u^s はH形鋼のせん断強度である，V_u^c および V_u^r は既往のRC部材の設計基準を参考にして算定できる．たとえば，土木学会コンクリート標準示方書(2002年版)[62]を参照すれば，次式となる．

$$V_u^c = \beta_d \cdot \beta_p \cdot \beta_n \cdot f_{vcd} \cdot b_c \cdot d \tag{5.134}$$

ここに，

b_c：コンクリート断面の幅，d：RC断面としての有効高さ

$f_{vcd} = 0.20 \cdot \sqrt[3]{f'_{cd}}$ (N/mm^2)，ただし，$f_{vcd} \leq 0.72$ N/mm^2

$\beta_d = \sqrt[4]{1/d}$ (d の単位はm)，ただし，$\beta_d > 1.5$ となる場合は1.5とする．

$\beta_p = \sqrt[3]{100p_w}$，ただし，$\beta_p > 1.5$ となる場合は1.5とする．

$\beta_n = 1 + M_0/M_d$，($N'_d \geq 0$ の場合(圧縮))，ただし，$\beta_n \geq 2$ の場合は2とする．

$\beta_n = 1 + 2M_0/M_d$，($N'_d < 0$ の場合(引張))，ただし，$\beta_n < 0$ の場合は0とする．

N'_d：設計軸方向圧縮力

M_d：設計曲げモーメント

M_0：M_d による引張縁において，軸方向力による応力を打ち消すに必要な曲げモーメント

$p_w = A_s/(b_c \cdot d)$，引張主鉄筋比，ただし A_s：引張側の鉄筋断面積

f'_{cd}：コンクリートの設計圧縮強度

次に，せん断補強鉄筋が受けもつ強度は，次式となる．

$$V_u^r = \frac{A_w \cdot f_{wyd}}{s} \frac{d}{1.15} \tag{5.135}$$

ここに，s ：せん断補強鉄筋の配置間隔

A_w ：間隔 s におけるせん断補強鉄筋(帯鉄筋)の総断面積

f_{wyd} ：せん断補強鉄筋の設計降伏強度

さらに，H形鋼については，ウエブのみがせん断力に寄与すると仮定して，次式となる．

$$V_u^s = A_{sw} \cdot f_{syd}/\sqrt{3} \tag{5.136}$$

ここに，A_{sw} ：H形鋼のウエブ断面積

f_{syd} ：H形鋼の設計降伏強度

である．なお，f'_{cd}，f_{wyd} および f_{syd} は，材料の安全率を考慮した設計用値となっているが，この種の安全率を無視し，図5.21の応力－ひずみ曲線との対応を示せば，$f'_{cd} \approx f_{cy}$，$f_{wyd} = f_{sy}$，$f_{syd} = f_{sy}$ となっていることを付記しておく．

一方，コンクリート充填鋼管 (CFT) 部材の**終局せん断強度** V_u^{cft} の算定法として，式 (5.133) に類似した式が以下のように考えられる．

$$V_u^{cft} = V_u^c + V_u^s \tag{5.137}$$

ここに，V_u^c ：充填コンクリートが受けもつせん断力

V_u^s ：鋼管が受けもつせん断力

V_u^s については，角形鋼管に対しては，式 (5.136) に類似した次式が適用できる．

$$V_u^s = 2A_{sw} \cdot f_{syd}/\sqrt{3} \tag{5.138}$$

ただし，A_{sw} はウエブ 1 枚の断面積である．

次に，V_u^c については，ダイアフラム間のコンクリートに斜め**圧縮ストラット**を形成する破壊機構による評価法が提案されている[65]．**図 5.54** に示すように，角形 CFT のダイアフラム間隔を L，コンクリート断面高さを D，コンクリート断面内のストレスブロックでの圧縮およびせん断応力をそれぞれ σ_c^B，τ_c^B，ストレスブロックの深さを d_c とすれば，つり合い条件より

$$\sigma_c^B = f'_c \cos^2\theta, \quad \tau_c^B = \frac{f'_c}{2}\sin 2\theta \tag{5.139}$$

となる．ここに，f'_c はコンクリートの 1 軸圧縮強度，$\theta = \tan^{-1} D'/L$，$D' = D - d_c$ である．したがって，角形 CFT 断面の終局限界状態でのコンクリート断面に作用する軸力を N_c とすれば，

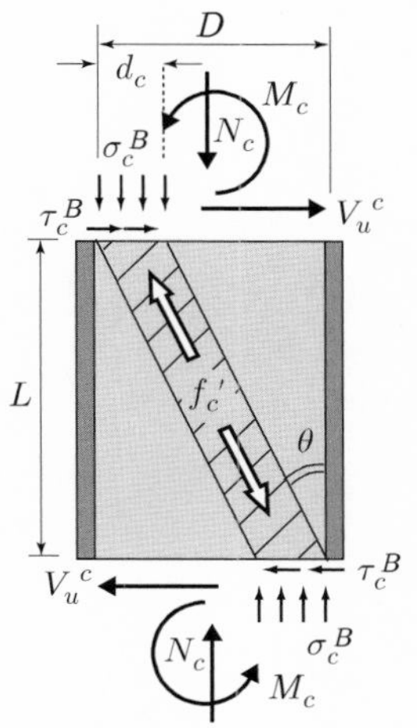

図 5.54 充填コンクリートが受けもつせん断力

$$N_c = \sigma_c^B \cdot d_c \cdot B_c = d_c \cdot f_c' \cdot B_c \cdot \cos^2\theta \tag{5.140}$$

ここに，B_c はコンクリート断面幅であり，充填コンクリート部の終局せん断力は

$$V_u^c = d_c \cdot B_c \cdot \frac{f_c'}{2} \sin 2\theta \tag{5.141}$$

となる．

なお，建築分野の実験的研究[66]によれば，角形のコンクリート充填鋼管柱は $a/D < 1.0$，ただし，a：せん断スパン (図 5.54 では $L = 2a$) のようなごく短柱においてのみせん断破壊する可能性があり，円形鋼管では，後述のコンファインド効果により，さらにせん断強度が増加することが考えられる．したがって，橋脚に代表される土木構造物では，コンクリート充填鋼管部材のせん断問題は特別なケースのみで考慮すべき問題と思われる．

5.5 合成柱の耐震性能

5.5.1 じん性

じん性 (toughness) とは，材料または部材の粘り強さをいう．**図 5.55** の荷重 P–変形量 δ 曲線が示すように，じん性に乏しい部材は，最大耐力の発揮後に急速に保有耐力を失い，脆性的な破壊を示し，一方，じん性に富む部材は，最大耐力の発揮後，保有耐力は低下せず大きな**塑性変形能**を示す．

曲げモーメントを受ける RC 部材のじん性の評価には，**図 5.56** に示すように，引張鉄筋の降伏開始時のたわみ δ_y と最大耐力時のたわみ δ_u の比で評価することが多い．

すなわち，

$$\mu = \frac{\delta_u}{\delta_y} \tag{5.142}$$

と表せる．μ は**塑性率**または**じん性率** (ductility factor) とよばれている．

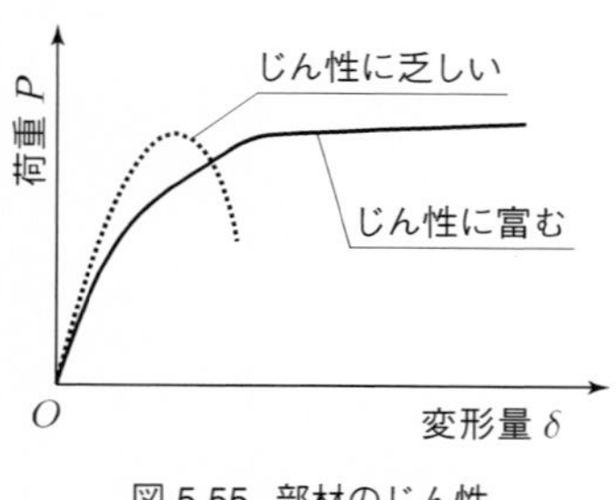

図 5.55 部材のじん性

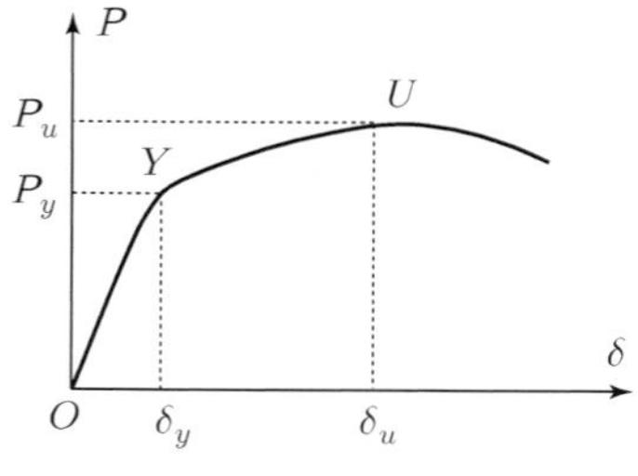

図 5.56 荷重–たわみ曲線

ところで，式 (5.142) では，最大耐力後の変形性能が評価できないので，軸力と曲げモーメントやせん断力が複合して作用する部材では，**図 5.57** に示すように，設計耐力 P_a 時の変形量 δ_{cr} を式 (5.142) の δ_u の代わりに用いたり，P–δ 曲線と δ 軸が囲む面積 (ひずみエネルギー) W_p をじん性率の指標とすることもある.

軸力および曲げおよびせん断を受ける合成柱のじん性に与える影響因子は，軸力の大きさ，コンクリートに対する鋼材の比率，曲げ補強材に対するせん断補強材の比率，周辺鋼材によるコンクリートの拘束効果など多岐にわたっている．コンクリートの終局圧縮限界ひずみ ε_{cu} は 0.35 %程度で，鋼材の引張破断ひずみよりはるかに小さいので，高圧縮軸力や鋼材比が大きい場合には，鋼材の塑性領域が十分進展する前に，コンクリートが ε_{cu} に達し，脆性的な破壊に支配される．また，せん断補強材が十分でなければ，曲げ破壊モードよりせん断破壊モードが先行し，十分なじん性を得ることができない.

合成柱のじん性に影響を与える他の重要な因子としては，周辺鋼材によるコンクリートの**コンファインド効果**をあげることができる．コンファインド効果とは，コンクリートの微細ひび割れの進行に伴う膨張が周辺鋼材によって拘束される影響のことで，コンクリート充填鋼管部材で顕著に現れる.

図 5.58 は中心圧縮荷重を受けるコンクリート充填鋼管柱の荷重 P –軸方向ひずみ ε 曲線を示したものである．コンクリートの P–ε 曲線と鋼管の P–ε 曲線を加算した単純累加曲線に比べて，コンクリート充填鋼管柱の最大耐力および変形量は大幅に大きくなり，鋼管によるコンクリートへの拘束効果が顕著に現れる．また，中心圧縮荷重を受ける SRC 柱においてもわずかな帯鉄筋量の挿入がじん性率の大幅な改善に繋がることが実験で確かめられている[67].

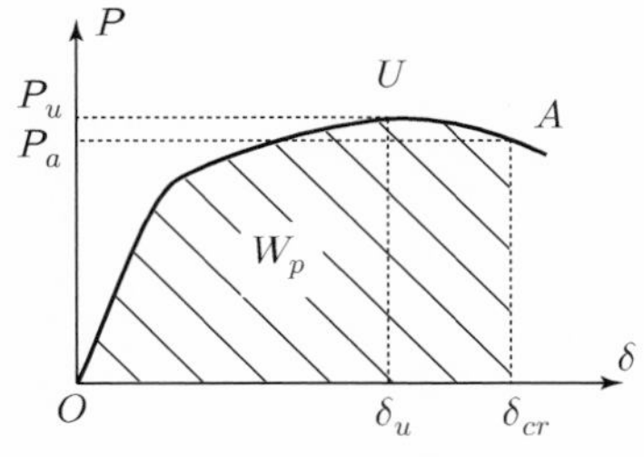

図 5.57 荷重–変形量曲線

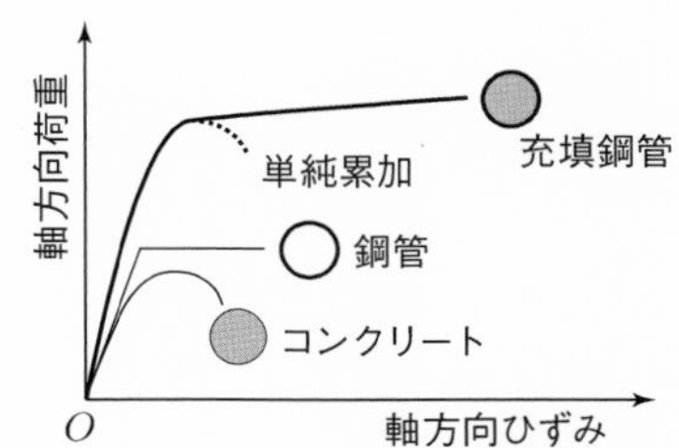

図 5.58 軸圧縮荷重を受けるコンクリート充填鋼管柱の荷重–ひずみ曲線

5.5.2 コンファインド効果の発生機構

帯鉄筋や鋼管がコンクリートに与える拘束効果 (コンファインド効果とよぶ) は，コンクリートの破壊特性に関係している．**図 5.59** は軸圧縮荷重を受けるコンクリートの応力–ひずみ関係を示している．

図 5.59 では，f'_c は 1 軸圧縮強度であり，応力 σ_c が f'_c より十分小さい範囲では，ポアソン比は 1/5〜1/7 程度で圧縮性を示すが，$\sigma_c > 0.75f'_c$ になると微細な破壊面が成長し，見かけの体積が増加するような挙動を示すことが知られている．したがって，**図 5.60** (a) に示す一様な軸圧縮応力を受けるコンクリート充填鋼管柱は，応力レベルが低い段階では鋼のポアソン比よりコンクリートのポアソン比の方が小さいので，鋼管と肌離れしようとするが，応力レベルが高く，コンクリートの破壊に近づくと，微細ひび割れの進展に伴う膨張により鋼管が押し広げられ，コンクリートは側方から圧縮応力 p を受け，軸方向圧縮応力 σ_c とともに 3 軸圧縮応力状態になる．

図 5.61 は，軸方向圧縮応力 σ_1 と側方圧縮応力 $\sigma_2 = \sigma_3$ を受けるプレーンコンクリートの σ_1 と軸ひずみ ε_1 の関係 (実験値) を示している．E_0，ν_0 および K_0 は初期状態での弾性係数，ポアソン比および体積弾性係数である．図 5.61 より，わずかな側

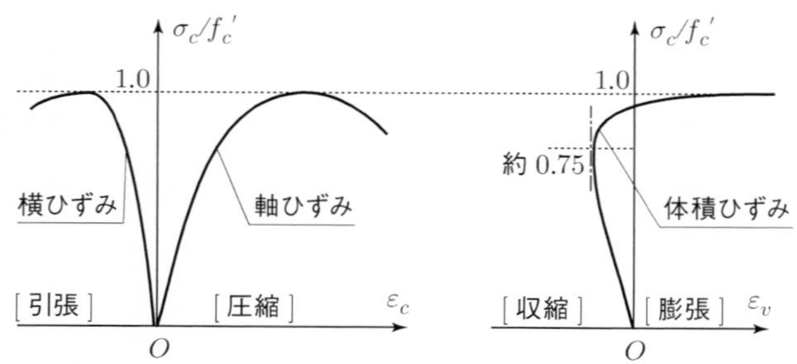

図 5.59 1 軸圧縮応力と軸ひずみ，横ひずみおよび体積ひずみの関係[68]

図 5.60 コンクリート充填鋼管柱のコンファインド効果

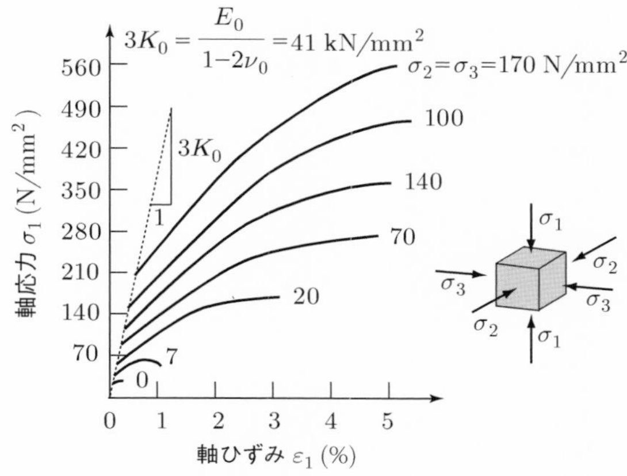

図 5.61 **3 軸圧縮応力下でのコンクリートの挙動 (Balmer, 1949)**[69]

方圧縮応力の存在が軸方向強度と変形能に大きく影響していることがわかり，このことから，帯鉄筋や鋼管によるコンファインド効果が SRC 柱やコンクリート充填鋼管柱の耐力とじん性の向上に大きく貢献することが推察できる．

曲げやせん断を受ける合成部材でも帯鉄筋や鋼管によるコンクリートのコンファインド効果が認められるが，コンファインド効果の程度は断面形状にも影響を受け，定量化するのが難しい．一般に，円形断面のコンクリート充填鋼管部材では，コンファインド効果が大きいといわれている．

5.5.3 地震時の保有水平耐力

図 5.62 (a) に示すように，単柱の合成橋脚が**水平地震力** P を受ける問題を取りあげる．

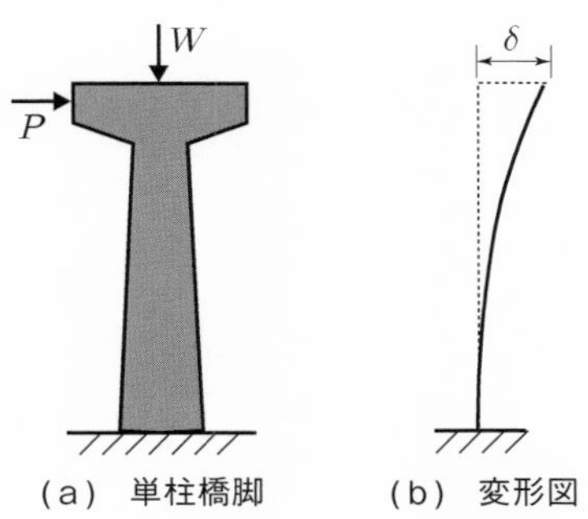

図 5.62 水平地震力を受ける合成橋脚

荷重点の水平変位 δ と P の軌跡に着目すれば，橋脚が線形弾性体であれば，**図 5.63** の直線 O–A 上をたどるが，橋脚が完全塑性体 (弾・完全塑性体ともいう) であるならば，O–Y–U 上を移動する．もし，地震力によって線形弾性橋脚の最大応答変位が δ_e で，最大地震力が P_e とすると，同じ地震エネルギーによる完全塑性橋脚の最大応答変位 (δ_{ep}) は，図 5.63 において，O–E–D の面積と O–Y–Q–Q' の面積が等しくなる線分 O–Q' の位置によって与えられる．したがって，次式が成立する．

$$\frac{1}{2}(P_e - P_y)(\delta_e - \delta_y) = P_y(\delta_{ep} - \delta_e) \tag{5.143}$$

ここに，P_y は降伏荷重，δ_y は降伏変位である．**じん性率**：$\mu = \delta_{ep}/\delta_y$，を考慮し，$P_y/P_e = \delta_y/\delta_e$ の関係を用いて整理すれば，

$$\frac{P_y}{P_e} = \frac{1}{\sqrt{2\mu - 1}} \tag{5.144}$$

の関係を得る．式 (5.144) は "**エネルギー一定則**" として知られており，これより完全塑性橋脚に作用する最大水平地震力は，線形弾性橋脚に対する最大地震力の $1/\sqrt{2\mu - 1}$ に低減するといえる．したがって，同じ入力エネルギーをもつ地震に対して，橋脚のじん性率 μ を大きくすればするほど，地震力が低減でき，橋脚の耐震性能が向上するといえる．

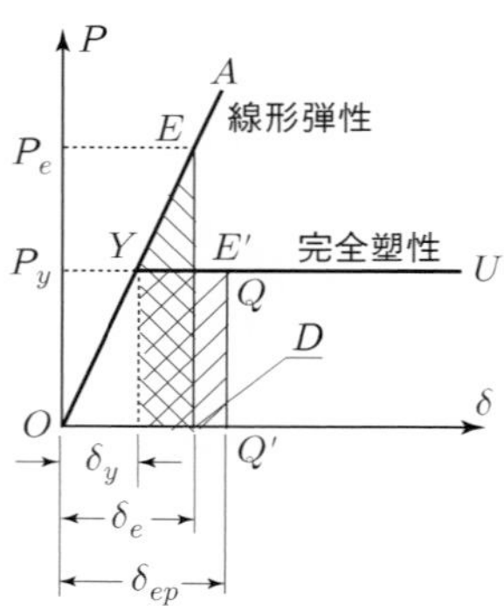

図 5.63 エネルギー一定則

5.6 合成版または合成スラブ

鋼型枠や PC 埋設型枠などのデッキプレートを，後打ちコンクリートと一体化した**合成版**が建築スラブや橋梁床版に利用されている．デッキプレートはコンクリートの重量や作業荷重を支持するに十分な強度と剛性を必要とし，いろいろな形状のものが開発されている．この種の合成版の弾性挙動は，いわゆる "**平板理論**" (参考文献 [70])

によって解析できる．

いま，**図 5.64** に示すような，下層がデッキプレートで，上層がコンクリートである合成版を考える．上・下層の界面でずれがない完全合成板では**平面保持の仮定**に基づく平板理論が適用できる．

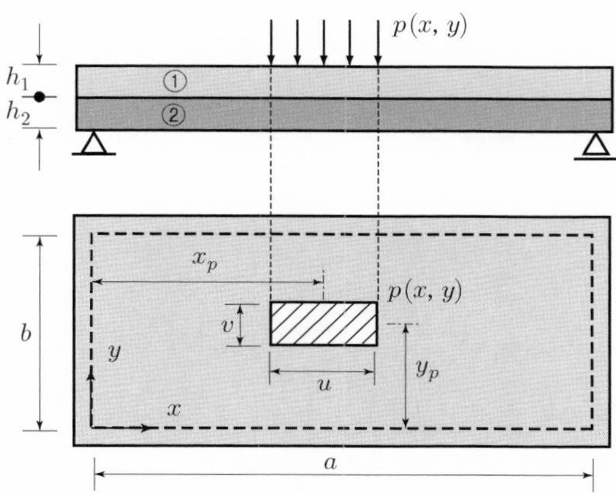

図 5.64 部分分布荷重を受ける周辺単純支持 2 層合成版と座標系

すなわち，上・下層の版剛性が等方性である場合の基礎微分方程式は

$$\frac{\partial^4 w}{\partial x^4} + 2\frac{\partial^4 w}{\partial x^2 \partial y^2} + \frac{\partial^4 w}{\partial y^4} = \frac{p(x, y)}{D_v} \tag{5.145}$$

となる．ここに，w：鉛直たわみ，$p(x, y)$：横荷重分布強度，D_v：基準材料に換算した合成版の曲げ剛性である．上層の版厚，弾性係数，ポアソン比をそれぞれ h_1，E_1，ν_1，下層のそれらを h_2，E_2，ν_2 とし，上層を基準材料に選べば，

$$D_v = \frac{E_1 I_v}{1 - \bar{\nu}^2} \tag{5.146}$$

となる．ここに，$\bar{\nu}$ は等価ポアソン比であり，近似的に以下のように与えられる．

$$\bar{\nu} = \frac{\nu_1 E_1 h_1 + \nu_2 E_2 h_2}{E_1 h_1 + E_2 h_2} \tag{5.147}$$

I_v は単位幅当たりの上層材料に換算した断面 2 次モーメントで，**図 5.65** を参照して，

$$\left.\begin{aligned} I_v &= \frac{h_1^3 + nh_2^3}{12} + h_1\left(y_v - \frac{h_1}{2}\right)^2 + nh_2\left(h_1 + \frac{h_2}{2} - y_v\right)^2 \\ y_v &= \frac{0.5h_1^2 + nh_2(h_1 + 0.5h_2)}{h_1 + nh_2} \end{aligned}\right\} \tag{5.148}$$

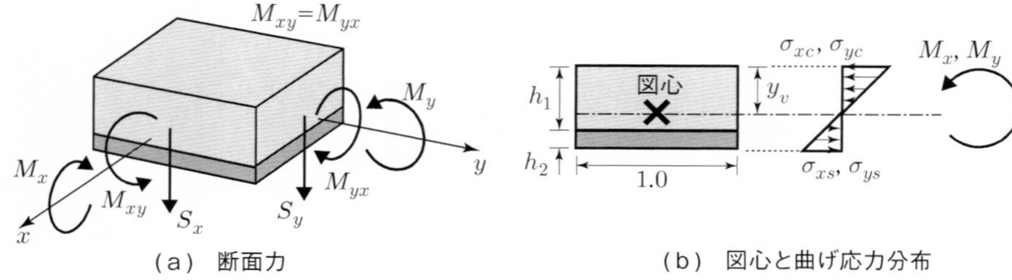

(a) 断面力　(b) 図心と曲げ応力分布

図 5.65 合成版の断面力と曲げ応力分布

となる．ここに，$n = E_2/E_1$，y_v は断面の上縁から合成断面の図心までの距離である(図 5.65 参照).

x，y 軸方向の断面に作用する単位幅当たりの曲げモーメントおよびねじりモーメントは以下のように与えられる．

$$\left.\begin{aligned} M_x &= -D_v\left(\frac{\partial^2 w}{\partial x^2} + \bar{\nu}\frac{\partial^2 w}{\partial y^2}\right) \\ M_y &= -D_v\left(\frac{\partial^2 w}{\partial y^2} + \bar{\nu}\frac{\partial^2 w}{\partial x^2}\right) \\ M_{xy} &= -D_v(1-\bar{\nu})\frac{\partial^2 w}{\partial x \partial y} \end{aligned}\right\} \tag{5.149}$$

また，x，y 軸方向の断面に作用する単位幅当たりの鉛直せん断力は，次式となる．

$$\left.\begin{aligned} S_x &= -D_v\frac{\partial}{\partial x}\left(\frac{\partial^2 w}{\partial x^2} + \frac{\partial^2 w}{\partial y^2}\right) \\ S_y &= -D_v\frac{\partial}{\partial y}\left(\frac{\partial^2 w}{\partial x^2} + \frac{\partial^2 w}{\partial y^2}\right) \end{aligned}\right\} \tag{5.150}$$

次に，デッキプレートの剛性が直交異方性で，ポアソン比の影響が無視できる場合には，基礎微分方程式，および曲げモーメントとねじりモーメントは

$$D_{vx}\frac{\partial^4 w}{\partial x^4} + 4D_{vxy}\frac{\partial^4 w}{\partial x^2 \partial y^2} + D_{vy}\frac{\partial^4 w}{\partial y^4} = q(x, y) \tag{5.151}$$

$$\left.\begin{aligned} M_x &= -D_{vx}\frac{\partial^2 w}{\partial x^2} \\ M_y &= -D_{vy}\frac{\partial^2 w}{\partial y^2} \\ M_{xy} &= -2D_{vxy}\frac{\partial^2 w}{\partial x \partial y} \end{aligned}\right\} \tag{5.152}$$

となる．ここに，D_{vx}，D_{vy} はそれぞれ x および y 軸方向の合成版の曲げ剛性，D_{vxy}

はねじり剛性である．

以下，等方性版について具体的な解析法を示す．図 5.64 に示すような周辺単純支持版の場合は，周知の**平板理論**により，式 (5.145) の解は以下のような 2 重級数によって与えられる．

$$w = \frac{a^4\lambda^4}{D_v\pi^4}\sum_{m=1}^{\infty}\sum_{n=1}^{\infty}\frac{a_{mn}}{(\lambda^2m^2+n^2)^2}\sin\alpha_m x\sin\beta_n y \tag{5.153}$$

ここに，$\alpha_m = m\pi/a$，$\beta_n = n\pi/b$ で，a_{mn} は荷重分布に対する**フーリエ係数**であり，図 5.64 に示す部分等分布荷重 $p_0 = p(x, y)$ の場合は，以下のように与えられる．

$$a_{mn} = \frac{16p_0}{\pi^2 mnuv}\sin\alpha_m x_p\sin\beta_n y_p\sin\frac{\alpha_m u}{2}\sin\frac{\beta_n v}{2} \tag{5.154}$$

ここに，x_p，y_p, u, v はそれぞれ長方形荷重面の中心座標位置と辺長である．また，曲げモーメントおよびねじりモーメントは，以下のように求められる．

$$\begin{aligned}M_x &= -D_v\left(\frac{\partial^2 w}{\partial x^2}+\bar{\nu}\frac{\partial^2 w}{\partial y^2}\right)\\ &= \frac{a^2\lambda^2}{\pi^2}\sum_{m=1}^{\infty}\sum_{n=1}^{\infty}\frac{(\lambda^2m^2+\bar{\nu}n^2)a_{mn}}{(\lambda^2m^2+n^2)^2}\sin\alpha_m x\cdot\sin\beta_n y\end{aligned} \tag{5.155}$$

$$\begin{aligned}M_y &= -D_v\left(\frac{\partial^2 w}{\partial y^2}+\bar{\nu}\frac{\partial^2 w}{\partial x^2}\right)\\ &= \frac{a^2\lambda^2}{\pi^2}\sum_{m=1}^{\infty}\sum_{n=1}^{\infty}\frac{(\bar{\nu}\lambda^2m^2+n^2)a_{mn}}{(\lambda^2m^2+n^2)^2}\sin\alpha_m x\cdot\sin\beta_n y\end{aligned} \tag{5.156}$$

$$\begin{aligned}M_{xy} &= -D_v(1-\bar{\nu})\frac{\partial^2 w}{\partial x\partial y}\\ &= -\frac{a^2\lambda^2}{\pi^2}\sum_{m=1}^{\infty}\sum_{n=1}^{\infty}\frac{(1-\bar{\nu})mna_{mn}}{(\lambda^2m^2+n^2)^2}\cos\alpha_m x\cdot\cos\beta_n y\end{aligned} \tag{5.157}$$

ここに，$\lambda = b/a$ である．

また，x および y 軸方向の断面の鉛直せん断力は

$$\begin{aligned}S_x &= -D_v\frac{\partial}{\partial x}\left(\frac{\partial^2 w}{\partial x^2}+\frac{\partial^2 w}{\partial y^2}\right)\\ &= \frac{a\lambda^2}{\pi}\sum_{m=1}^{\infty}\sum_{n=1}^{\infty}\frac{ma_{mn}}{\lambda^2m^2+n^2}\cos\alpha_m x\cdot\sin\beta_n y\end{aligned} \tag{5.158}$$

$$S_y = -D_v\frac{\partial}{\partial y}\left(\frac{\partial^2 w}{\partial x^2}+\frac{\partial^2 w}{\partial y^2}\right)$$

$$= \frac{a\lambda}{\pi} \sum_{m=1}^{\infty} \sum_{n=1}^{\infty} \frac{n a_{mn}}{\lambda^2 m^2 + n^2} \sin \alpha_m x \cdot \cos \beta_n y \tag{5.159}$$

のように求められる．したがって，上・下層の界面での x および y 方向の単位面積当たりの**せん断付着力** (q_x, q_y) は，合成はりの場合に類似した以下の式で与えられる．

$$q_x = \frac{G_{v1}}{I_v} S_x, \quad q_y = \frac{G_{v1}}{I_v} S_y \tag{5.160}$$

ここに，G_{v1} は合成断面の図心をとおる水平軸に関する上層断面の換算断面 1 次モーメントで，

$$G_{v1} = h_1 (y_v - 0.5 h_1) \tag{5.161}$$

である．

例題 5.11 図 5.64 において，上層が $h_1 = 200$ mm のコンクリート床版で，下層が $h_2 = 10$ mm の鋼板である単純支持長方形合成板が，全面等分布荷重 $p_0 = 10$ N/mm^2 を受ける場合の板の中央線 ($x = a/2$, $y = b/2$) に沿った上・下層界面の単位面積当たりの**せん断付着力** (q_x, q_y) を算定せよ．ただし，板の辺長は $a = 3$ m，$b = 2$ m，上，下層の弾性係数およびポアソン比は，それぞれ $E_1 = 2 \times 10^4$ N/mm^2，$E_2 = 2 \times 10^5$ N/mm^2，$\nu_1 = 1/6$，$\nu_2 = 0.3$ とする．

解答 全面等分布荷重の場合のフーリエ係数は，式 (5.154) において $u = a$，$v = b$，$x_p = a/2$，$y_p = b/2$ とし，

$$a_{mn} = \frac{16 p_0}{\pi^2 mn}, \quad \text{ただし } m = 1, 3, 5, \cdots, \quad n = 1, 3, 5, \cdots$$

式 (5.158) および式 (5.159) より

$$S_x = \frac{16 a p_0 \lambda^2}{\pi^3} \sum_{m=1,3,5}^{\infty} \sum_{n=1,3,5}^{\infty} \frac{1}{n(\lambda^2 m^2 + n^2)} \cos \alpha_m x \cdot \sin \beta_n y$$

$$S_y = \frac{16 a p_0 \lambda}{\pi^3} \sum_{m=1,3,5}^{\infty} \sum_{n=1,3,5}^{\infty} \frac{1}{m(\lambda^2 m^2 + n^2)} \sin \alpha_m x \cdot \cos \beta_n y$$

一方，$n = E_2/E_1 = 10$，$h_1 = 200$ mm，$h_2 = 10$ mm と，式 (5.148) より

$$y_v = \frac{0.5 \times 200^2 + n \times 10 \times (200 + 0.5 \times 10)}{200 + n \times 10} = 135 \text{ mm}$$

$$I_v = \frac{200^3 + n \times 10^3}{12} + 200 \times (135 - \frac{200}{2})^2 + n \times 10 \times (200 + \frac{10}{2} - 135)^2$$
$$= 1.40 \times 10^6 \text{ mm}^3$$

式 (5.147) より，

$$\bar{\nu} = \frac{0.16667 \times 200 + n \times 0.3 \times 10}{200 + n \times 10} = 0.211$$

式 (5.146) より

$$D_v = \frac{2 \times 10^4 \times 1.40 \times 10^6}{1 - 0.211^2} = 2.93 \times 10^{10}\ \mathrm{N \cdot mm}$$

式 (5.161) より

$$G_{v1} = 200 \times (135 - 0.5 \times 200) = 7000\ \mathrm{mm}^2$$

式 (5.158) および (5.159) において,

$$q_x = \frac{0.700 \times 10^4}{1.40 \times 10^6} \times S_x = 0.5 \times 10^{-2} S_x, \quad q_y = 0.5 \times 10^{-2} S_y$$

$$\frac{16 a p_0 \lambda}{\pi^3} = \frac{16 \times 3 \times 10^4 \times 0.6667}{31.0} = 10.3 \times 10^3\ \mathrm{N/mm}$$

さらに,

$$\frac{16 a p_0 \lambda^2}{\pi^3} = \frac{16 \times 3 \times 10^4 \times 0.6667^2}{31.0} = 6.88 \times 10^3 \mathrm{N/mm}$$

よって, $y = b/2$ に沿った q_x, および $x = a/2$ に沿った q_y は, 式 (5.159) より

$$q_x = 0.5 \times 6.88 \times 10 \times \sum_{m=1,3,5}^{\infty} \sum_{n=1,3,5}^{\infty} \frac{1}{n(\lambda^2 m^2 + n^2)} \cos \alpha_m x \cdot \sin \frac{\beta_n b}{2}$$

$$q_y = 0.5 \times 10.3 \times 10 \times \sum_{m=1,3,5}^{\infty} \sum_{n=1,3,5}^{\infty} \frac{1}{m(\lambda^2 m^2 + n^2)} \sin \frac{\alpha_m a}{2} \cdot \cos \beta_n y$$

ここに, q_x および q_y の単位は $\mathrm{N/mm}^2$ である.

本合成板の周辺上の 2 点 $(0,\ b/2)$ および $(a/2,\ 0)$ でのせん断付着応力 q_{x0} および q_{y0} について 2 重級数の収束性を調べると, 級数の項数を $m > 50$, $n > 50$ にとれば, 十分な収束値として, $q_{x0} = 36.2\ \mathrm{N/mm}^2$, $q_{y0} = 42.2\ \mathrm{N/mm}^2$ を得ており, 同様に中央線 $(x,\ b/2)$, $(a/2,\ y)$ に沿った q_x および q_y の分布を算定すれば, **図 5.66** の結果を得る. 図より, 長辺 a より短辺 b に沿ったせん断付着応力 q_y の値が大きく, q_y はほぼ直線分布するが, q_x は曲線分布を示すことがわかる.

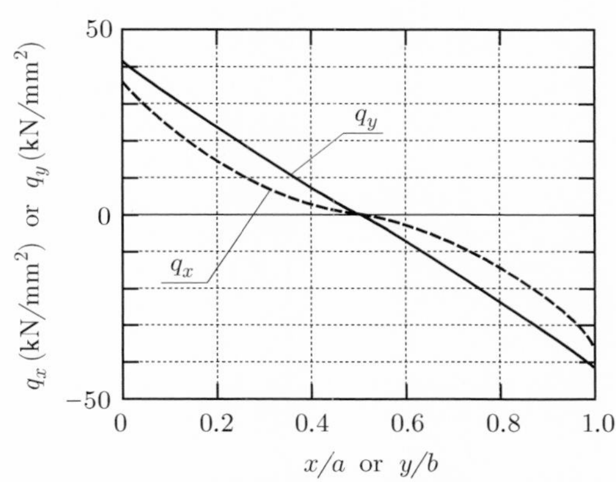

図 5.66 合成板の中央線に沿ったせん断付着力の分布形

5.7 合成シェル

鋼板とコンクリートの合成シェル構造は，穀物サイロや沈埋トンネル函体などに利用される．一般に，シェル要素には，**図 5.67** に示すように，平板と同様の 2 方向の曲げモーメント (M_x，M_y)，ねじりモーメント (M_{xy}) および鉛直せん断力 (S_x，S_y) に付け加えて，2 方向の面内力 (N_x，N_y) および面内せん断力 (N_{xy}) を受ける．

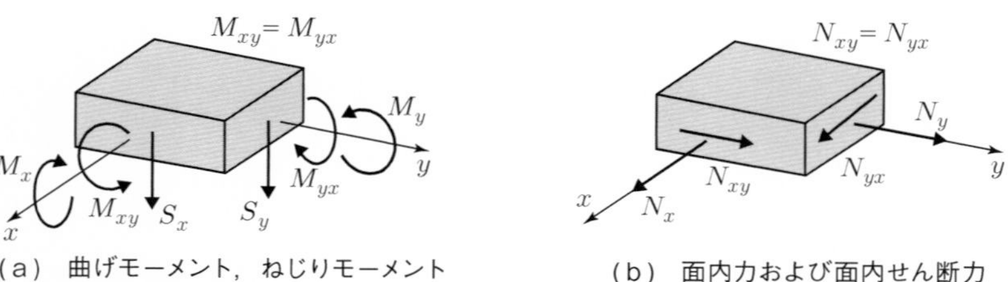

(a) 曲げモーメント，ねじりモーメント および せん断力　(b) 面内力および面内せん断力

図 5.67 シェル要素の断面力

シェル構造の弾性問題の基礎方程式は 8 階の偏微分方程式によって与えられるが，近年，有限要素法による数値解析法が用いられることが多い．薄鋼板とコンクリートの合成シェル構造には，内外鋼板とコアーコンクリートからなる，いわゆるサンドイッチ板 (**図 5.68** (a) 参照) や，引張側のみに鋼板を有するオープンサンドイッチ板が知られている．後者は，図 5.65 に示した合成版と同様，コンクリートと鋼板との付着を確保するためにずれ止めを設け，“平面保持の仮定” に基づく RC 板に準じた応力解析が基本になる．サンドイッチ板要素では，図 5.68 (b) および (c) に示すように，曲げに対しては上下の鋼板で抵抗し，せん断に対してはコアーコンクリートで抵抗するとしている．終局時のせん断には**図 5.69** に示す上下鋼板と左右の鋼隔壁 (ダイアフラム) に囲まれたコアーコンクリート内の斜め圧縮ストラットの形成によって抵抗する機構が適用できる．したがって，サンドイッチ板要素の終局耐力は，引張鋼板の降

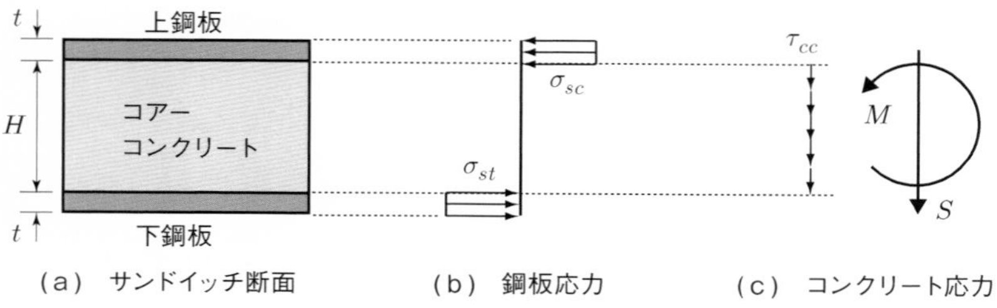

(a) サンドイッチ断面　(b) 鋼板応力　(c) コンクリート応力

図 5.68 サンドイッチ断面の応力分担

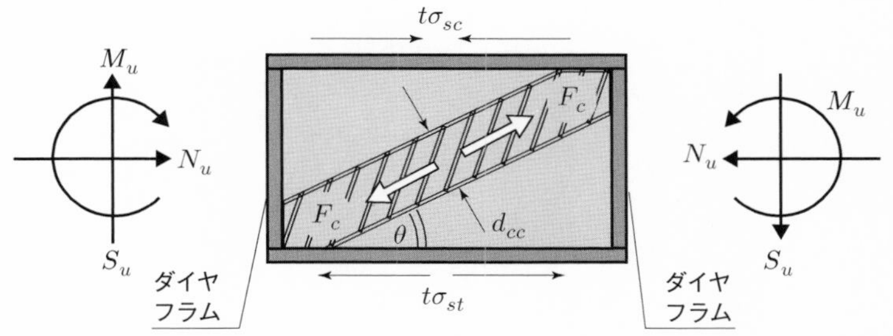

図 5.69 サンドイッチ板要素の耐荷機構

伏応力，圧縮鋼板の降伏または局部座屈強度，ならびにコアーコンクリートの圧縮強度に支配される．

上下鋼板の厚みを t，コアーコンクリートの厚みを H とすれば，終局モーメント M_u，終局圧縮面内力 N_u および終局せん断力 S_u は以下のように表せる．

$$\left.\begin{aligned} M_u &= t(H+t)\frac{\sigma_{st}+\sigma_{sc}}{2}, \\ N_u &= t(\sigma_{sc}-\sigma_{st})+F_c\cos\theta, \\ S_u &= F_c\sin\theta \end{aligned}\right\} \tag{5.162}$$

ここに，σ_{st} は引張鋼板の降伏時応力，σ_{sc} は圧縮鋼板の降伏時応力，F_c は単位幅当たりの斜め圧縮ストラットの耐力，θ は圧縮ストラットの傾角，ダイアフラム間隔を s とすれば，$\tan\theta = H/s$ であり，斜め圧縮ストラットの幅を d_{cc}，コアーコンクリートの強度を f_{cc} とすれば

$$F_c = d_{cc}f_{cc} \tag{5.163}$$

となる．

ところで，σ_{st} や σ_{sc} は鋼材の 2 軸応力下での von Mises の条件 (降伏規準) にしたがい理論的に評価できる．一方，d_{cc} や f_{cc} は，コンクリート充填鋼管部材に対するせん断耐荷機構 (図 5.54 参照) に類似した評価が考えられるが，コンクリート充填鋼管部材と**サンドイッチ部材**では，内外鋼板の拘束度の相違もあり，式 (5.163) の F_c の算定は，実験式に頼らざるを得ないものと思われる．

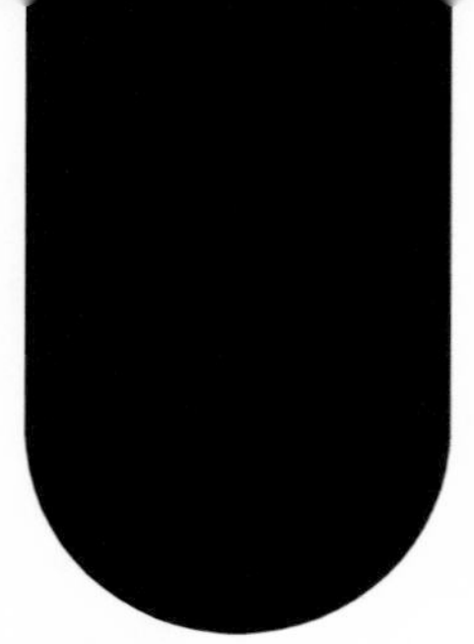

参考文献

1 章

[1] 土木学会，鋼・コンクリート合成構造連合小委員会：鋼・コンクリート複合構造の理論と設計，1999.

[2] 若林實，南宏一，谷資信，平野道雄：合成構造の設計，新建築学大系 42，彰国社，1981.

[3] The Council on Tall Building and Urban Habitat as Part of the Monograph on the Planning and Design of Tall Buildings: Structural Design of Tall Buildings, Chapter SB-9, Mixed Construction, Part 1-Composite Construction, Psrt2-Mixed Steel-Concrete Systems, ASCE, 1977.

[4] 池田尚治：土木分野における複合構造，プレストレストコンクリート，Vol.37, No.2, 1995.

[5] 前田幸雄：複合構造に関する研究の発展の歴史と動向，土木学会論文集，No.344, pp.13-25, 1984.

[6] 池田尚治：土木分野における合成構造・複合構造の現状，コンクリート工学，Vol.29, No.6, pp.4-12, 1991.

[7] 日本建築学会：鋼コンクリート合成構造の設計・研究の動向と 21 世紀への期待，2002.

[8] Viest, I.M.:Review of research on composite beams, Proc. of ASCE, Vol.86, ST6, pp.1-21, 1960.

[9] Report of the Subcommittee on the State-of the Art Survey of the Task Committee on Composite Construction of the Committee on Metals of the Structural Division, Proc.ASCE, Vol.100, ST.5, pp.1085-1139, 1974.

[10] スタッド協会：合成梁の設計と施工，森北出版，1989

[11] 尾形素臣：スタッド溶接の歴史，鉄鋼技術，1994.

[12] 山本稔他：Block, Channel および Hoop Shear Connector の試験報告，土木研究所報告，1960.

[13] 山本稔他：Stud Shear Connector の試験報告，土木研究所報告，1961.

[14] 小川伸吉，吉川卓，神谷裕司，中村陽：のぞみ橋の設計と施工－移築再利用を考慮した端部分離型上路式 PC 吊床版橋－，橋梁と基礎，Vol.38, No.5，2004.

2 章

[15] 日本建築学会：鉄骨鉄筋コンクリート構造計算規準・同解説，2001.

[16] 運輸省鉄道局監修・鉄道総合技術研究所編：鉄道構造物等設計標準・同解説，鋼とコンクリートの複合構造物，丸善，1998.

[17] 前田良文，小林良，盛春雄，上田達哉：鉄骨コンクリート複合構造橋脚の設計と施工，橋

梁と基礎，Vol.30，No.10，pp.16-22，1996.

[18] 日本建築学会：コンクリート充填鋼管構造設計施工指針，1997.

[19] 青垣英夫，遠藤輝一，西原鉄馬，佐藤孝一：台北国際金融センター (TAIPEI 101) プロジェクトにおけるマット基礎コンクリートの施工と高所圧送，コンクリート工学，Vol.34，No.4，pp.34-40，2005.

[20] 石谷留美子，藤井智弘，西田陽一，吉田博，大森清武，前川幸次：コンクリート充填鋼管ばりの静的および動的挙動について，第 5 回構造物の衝撃問題に関するシンポジウム講演論文集，土木学会，pp.285-290，2000.

[21] 山本龍哉，江上武史，橋本靖智，大西悦郎，矢木誠一郎，大南亮一：コンクリート充填鋼管 (CFT) を用いた桁橋 (CFT ガーダー) に関する提案と基礎的検討，第 4 回複合構造の活用に関するシンポジウム講演論文集，土木学会，pp.243-248，1999.

[22] 土木学会：複合構造物の性能照査指針 (案)，[合成はり編]，pp.51-97，2002.

[23] 大久保宣人，梁鐘護，大山理，夏秋義広，栗田章光：鋼・コンクリート二重合成桁の実績調査と考察，第 5 回複合構造の活用に関するシンポジウム講演論文集，土木学会，pp.19-22，2003.

[24] 土木学会：複合構造物の性能照査指針 (案)，[合成床版編]，pp.99-126，2002.

[25] 土木学会：第 1 回鋼橋床版シンポジウム講演論文集，1998.

[26] 若林實，南宏一，谷資信，平野道雄：合成構造の設計，新建築体系 42，彰国社，1981.

[27] 清宮理，園田惠一郎，高橋正忠：沈埋トンネルの設計と施工，技報堂出版，2002.

[28] 佐藤靖，吉田茂，大浦隆，服部政昭：新開橋の設計と施工計画－波形鋼板ウェブ PC 単純箱桁橋－，第 3 回プレストレストコンクリートの発展に関するシンポジウム論文集，pp.13-20，1992.

[29] 青木圭一，本間敦史，山口貴志，星加益朗：PC 複合トラス橋の設計・施工－第二東名高速道路 猿田川橋・巴川橋－，橋梁と基礎，Vol.42，No.8，pp.38-43, 2004.

[30] 日本建築学会：鉄筋コンクリート柱・鉄骨梁混合構造の設計と施工，2001.

[31] 多田和夫，山岸一彦：生口橋の設計・施工－主として接合部について－，第 2 回合成構造の活用に関するシンポジウム講演論文集，土木学会，pp.359-364，1989.

[32] 佐々木保隆，平井卓，明橋克良：鋼・コンクリート複合ラーメン橋の剛結部に関する実験的研究，構造工学論文集，土木学会，Vol.44A，pp.1447-1457，1998.

[33] 土木学会：鋼・コンクリート複合構造の理論と設計，(2) 応用編：設計編，2.3.2 複合アーチ橋の分類と特徴，pp.57-58，1999.

[34] 佐々木保隆，大森邦夫，高莱忠夫，中井博：コンクリートを充填した鋼アーチリブを用いたアーチ橋の構造特性に関する研究，構造工学論文集，土木学会，Vol.40A，pp.1425-1436，1994.

[35] 山本勝利，佐川和夫，小林謹一，遠山隆一郎：合成アーチ巻立て工法による城址橋の設計と施工，橋梁と基礎，Vol.23，No.11，pp.2-10，1989.

3章

[36] 日本道路協会：道路橋標準示方書 (I. 共通編・II. 鋼橋編)・同解説，丸善，pp.335-336，2002.

[37] Ollgaard, J.G., Slutter, R.G. & Fisher, J.W.: Shear strength of stud connectors in lightweight and normal-weight concrete, AISC Engineering Journal, pp.55-64, April, 1971.

[38] European Committee for Standardization: EUROCODE 4 / Design of composite steel and concrete structures, Part 1-1: General rules and rules for buildings; ENV 1994-1-1, 1992 & Part2: Bridges; ENV 1994-2, 1996.

[39] 土木学会：複合構造物の性能照査指針 (案)，合成床版編，§6.3.4 ずれ止めの疲労破壊に対する照査，pp.118-120，2002.

[40] Leonhardt, L., Andrä, W., Andrä, H.P. & Harra, W.: Neues, vorteilhaftes Verbundmittel für Stahlverbund-Tragwerke mit hoher Dauerfestigkeit, Beton- und Stahlbetonbau, pp.325-331, 12 / 1987.

[41] 横道英雄・藤田嘉夫：鉄筋コンクリート工学，共立出版，1971.

[42] 多田和夫，山岸一彦：生口橋の設計・施工－主として接合部について－，第2回合成構造の活用に関するシンポジウム講演論文集，土木学会，pp.359-364，1989.

[43] 日本建築学会：鉄筋コンクリート柱・鉄骨梁混合構造の設計と施工，2001.

[44] 西村泰志・南宏一：はりS・柱RCで構成される内部柱はり接合部の応力伝達機構，日本建築学会構造系論文集，No. 401, pp. 77-85, 1989.

[45] 日本建築学会：鉄骨鉄筋コンクリート構造計算規準・同解説，2001.

[46] 日本建築学会：コンクリート充填鋼管構造設計施工指針，1997.

[47] 土木学会：鋼・コンクリート複合構造の理論と設計 (1) 基礎編・理論編，§11.3.3 柱と基礎躯体の連結，pp.181-182, 1999.

[48] 日本建築学会：コンクリート充填鋼管構造設計施工指針，§4.7 柱脚，pp.146-160, 1997.

[49] 小林寿子・野澤伸一郎・東樹幸亮・小熊淳：CFT柱を用いた既設鉄道近接駅部高架橋の施工～つくばエクスプレス北千住駅～，コンクリート工学，Vol.41, No.6, pp.49-54, 2003.

[50] 中村和典・中東剛・今泉安雄・佐々木保隆・兼重寛・小川尊直：今別府川橋の設計と施工－張出し架設工法を用いた鋼2主桁複合ラーメン橋－，橋梁と基礎，Vol.34, No.12, pp.2-9, 2000.

[51] 土木学会：複合構造物の性能照査指針 (案)，混合構造編，pp.185-196，2002.

[52] 飯東義夫・曽我明・湯川保之・釜井英行：川之江東JCT・Cランプ橋の鋼桁－RC橋脚剛結部の設計について，第52回土木学会年次講演概要集，I-A139, pp.276-277, 1999..

[53] 岩崎初美・吉田幸弘・嵯峨山剛：「希望大橋」(複合ラーメン橋) の施工，石川島播磨技報，橋梁特集号，pp.168-175, 2001.

[54] 坂本香・笹井幸男・桑山豊六・堀大佑：鋼・コンクリート複合構造部における高流動コンクリートの冬期施工－上信越自動車道 北千曲川橋－，コンクリート工学，Vol.41, No.11,

pp.63-68, 2003.

[55] 古市耕輔・日紫喜剛啓・吉田健太郎・本田智昭・山村正人・南浩郎：鋼・コンクリート複合トラス橋の新しい格点構造の開発と設計法の提案，土木学会論文集 F，Vol.62, No.2, pp.349-366, 2006.

[56] 青木圭一・本間淳史・山口貴志・星加益朗：PC 複合トラス橋の設計・施工－第二東名高速道路 猿田川橋・巴川橋，コンクリート工学，Vol.42，No.8，pp.38-43，2004.

4 章

[57] 土木学会：構造工学シリーズ 4・材料特性の数理モデル入門〜構成則主要用語解説集〜，1989.

[58] 土木学会：コンクリート標準示方書 (2002 年制定) －構造性能照査編－，2002.

5 章

[59] Newmark,M.N.et.al.: Test and analysis of composite beams with incomplete interaction, Proc. of the Society of Experimental Analysis, Vol.9, no.1, 1951.

[60] 日本道路協会：道路橋示方書・同解説 (鋼橋編)，2002.

[61] Timoshenko S. & Goodier J.N.: Theory of Elasticity, McGraw-Hill, 1951.

[62] 土木学会:コンクリート標準示方書 (2002 年制定) – 構造性能照査編，2002.

[63] European Committee for Standardization: EUROCODE 4 / Design of composite steel and concrete structures, Part 1-1: General rules and rules for buildings; ENV 1994-1-1, 1992 & Part2: Bridges; ENV 1994-2, 1996.

[64] 若林實，南宏一，谷資信，平野道雄：合成構造の設計，新建築学大系 42，彰国社，1981.

[65] 日本建築学会：コンクリート充填鋼管構造設計施工指針，1997.

[66] 崎野健治，石橋久義：Experimental Studies on Concrete Filled Square Steel Tubular Short Column Subjected to Cyclic Shearing Forced Constant Axial Force, 日本建築学会構造系論文報告集，No.353，pp.81-91, 1985.

[67] 松崎育弘，別所佐登志，佐伯俊夫，加藤友康：小さい H 形鋼を用いた鉄骨鉄筋コンクリート柱の軸方向耐力及び靭性，第 6 回コンクリート工学年次講演会講演論文集，pp.605-608, 1984.

[68] Chen, W.F.: Plasticity in Reinforced Concrete, McGraw-Hill, 1982.

[69] Balmer,G.G.: Shearing Strength of Concrete under High Triaxial Stress-Computation of Mohr's Envelope as a Curve, Bur. Reclam. Struct. Res. Lab. Rep. SP-23, 1949.

[70] Timoshenko, S. & Woinowsky-Krieger, S. : Theory of Plates and Shells, McGraw-Hill, 1959.

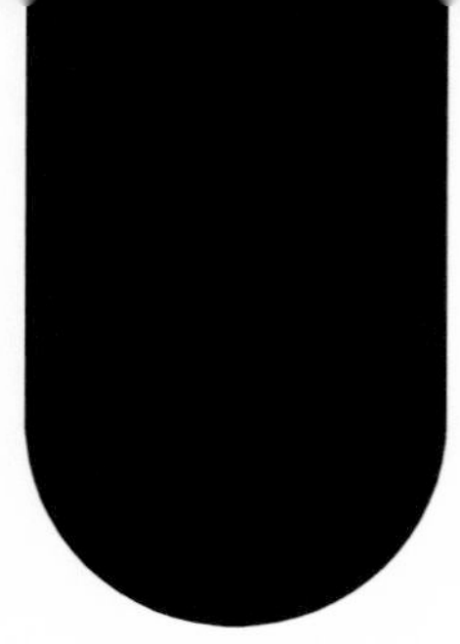

さくいん

英　文

Drucker–Prager の条件……60
Mohr–Coulomb の条件……61
RC 方式……96, 110
von Mises の条件……29, 52, 55, 57, 60

あ　行

頭付きスタッド……7, 13, 23, 31, 32, 48
圧縮ストラット……34, 38, 43, 47, 115, 126, 127
孔あき鋼板ジベル……23, 26, 31, 32, 48
一般化累加強度法……107, 110
埋込み方式……33, 46
エネルギー一定則……120
エネルギー吸収能……10, 96
エンドプレート方式……32, 46
応力–ひずみ曲線……82, 87
押し抜きせん断……15
温度変化……74

か　行

格点構造……50
荷重強度……94
換算断面 1 次モーメント……66, 124
換算断面 2 次モーメント……66
換算断面積……66
完全合成理論……65, 70, 73, 74, 82
乾燥収縮……62, 74
基礎躯体……18, 45
クリープ係数……62
グループスタッド……31
下界定理……105, 106
合成桁……6, 7, 11, 31
合成構造……2
合成シェル……126
合成柱……5, 17, 63, 95
合成はり……5, 11, 64, 82, 124
合成版……120
合成部材……1
鋼板・コンクリート合成部材……13, 30
降伏応力……51
骨材の噛合わせ機構……27
コンクリート充填鋼管……4, 10, 45, 47, 95, 115, 117, 118, 127
混合桁……18, 32, 34
混合構造……1
コンパクト断面……90, 92
コンファインド効果……27, 43, 96, 116, 118

さ　行

差込み方式……34, 46
サンドイッチ板要素……126
サンドイッチ部材……13, 14, 127
支圧強度……27, 29, 44
支圧板……35, 48
シアラグ……11, 80, 81
終局圧縮ひずみ……59, 82, 88
終局曲率……84
終局軸力……96, 100
終局せん断強度……23, 25, 26, 113, 115
終局曲げ強度……113
終局モーメント……84, 85, 89, 93, 96, 100
主応力……52, 53
じん性……116, 119
じん性率……116, 120
水平地震力……119
ストレスブロック……87, 89
ずれ剛性……23, 26, 70, 73, 76
ずれ止め……6, 7, 22, 48, 64, 65, 67

ずれ止め間隔 …… 66
設計強度 …… 82
接合部 …… 18, 19, 32, 35, 39, 45, 49
接着 …… 21, 22
全塑性モーメント …… 90
せん断降伏応力 …… 23, 25, 28, 29, 56
せん断付着力 …… 64, 66, 124
せん断補強鉄筋 …… 35, 38, 42, 43, 114
ソケット方式 …… 34
塑性断面係数 …… 90
塑性ヒンジ …… 90, 93, 94
塑性変形能 …… 96, 116
塑性率 …… 116
外ケーブル方式 …… 16

た　行

ダウエル効果 …… 27, 32
単純累加強度法 …… 107
弾性係数比 …… 65
断面抵抗モーメント …… 95
断面分割 …… 86
中立軸 …… 84, 88
沈埋トンネル …… 14, 126
鉄骨鉄筋コンクリート …… 3, 5, 8, 9, 45, 95
テンション・スティフニング …… 91
突起付き鋼材 …… 29

な　行

二重合成箱桁 …… 13
粘着項 …… 61
ノンコンパクト断面 …… 90

は　行

波形鋼板ウエブ PC 箱桁 …… 15
ピーク強度 …… 82, 85
非合成桁 …… 64, 74
非合成柱 …… 63
引張硬化 …… 91
不完全合成理論 …… 70, 73, 75
複合アーチ …… 20
複合構造 …… 2, 3
複合斜張橋 …… 18, 34
複合トラス …… 16, 49
複合ラーメン …… 19, 41, 46
ふさぎ板 …… 38, 42, 47
付着方式 …… 34, 46
不変量 …… 53, 55
負曲げモーメント …… 12, 13, 77, 92
フーリエ係数 …… 123, 124
ブロックジベル …… 31
平均応力 …… 54
平均せん断強度 …… 42
平板理論 …… 120, 123
平面保持の仮定 …… 65, 70, 97, 121, 126
偏差応力 …… 54, 55
崩壊メカニズム …… 90, 94
保有水平耐力 …… 119

ま　行

摩擦 …… 21
摩擦角 …… 61
摩擦力 …… 33, 36
見かけ降伏応力 …… 59, 82
モーメント再分配法 …… 95
モーメント–軸力相関曲線 …… 100, 102, 108, 110

や　行

有効体積 …… 42
有効幅 …… 11, 80, 81

ら　行

累加強度法 …… 11, 104
累加強度方式 …… 97
連結材 …… 64
連続合成桁 …… 76, 92, 94

著　者　略　歴

鬼頭　宏明（きとう・ひろあき）

1983 年　大阪市立大学工学部土木工学科卒業
1985 年　大阪市立大学大学院工学研究科前期博士課程修了（土木工学専攻）
1985 年　大阪市立大学助手 (土木工学科)
1998 年　博士 (工学)（大阪市立大学）
1999 年　大阪市立大学助教授（土木工学科）
2002 年　大阪市立大学大学院工学研究科助教授（都市系専攻）
2007 年　大阪市立大学大学院工学研究科准教授（都市系専攻）
現在に至る

園田　恵一郎（そのだ・けいいちろう）

1961 年　大阪市立大学工学部土木工学科卒業
1966 年　大阪市立大学助手 (土木工学科)
1976 年　工学博士（大阪市立大学）
1976 年　大阪市立大学教授（土木工学科）
2001 年　大阪市立大学名誉教授
2001 年　大阪工業大学特任教授

鋼・コンクリート複合構造

2008 年 3 月 14 日　第 1 版第 1 刷発行

著　　者　鬼頭宏明・園田恵一郎
発 行 者　森北博巳
発 行 所　**森北出版株式会社**

東京都千代田区富士見 1-4-11（〒 102-0071）
電話 03-3265-8341 ／ FAX 03-3264-8709
http://www.morikita.co.jp/
日本書籍出版協会・自然科学書協会・工学書協会　会員
JCLS ＜(株) 日本著作出版権管理システム委託出版物＞

落丁・乱丁本はお取替えいたします　　印刷 / モリモト印刷・製本 / 協栄製本

Printed in Japan ／ ISBN978-4-627-46591-6

鋼・コンクリート複合構造［POD版］

2022年8月5日発行

著者　　鬼頭宏明・園田惠一郎

印刷　　大日本印刷株式会社
製本　　大日本印刷株式会社

発行者　森北博巳
発行所　森北出版株式会社
〒102-0071　東京都千代田区富士見1-4-11
03-3265-8342（営業・宣伝マネジメント部）
https://www.morikita.co.jp/

ISBN978-4-627-46599-2